零压工作
构建职场幸福大厦

刘建平 沈兰军◎著

中华工商联合出版社

图书在版编目(CIP)数据

零压工作：构建职场幸福大厦 / 刘建平, 沈兰军著. -- 北京：中华工商联合出版社, 2021.11
ISBN 978-7-5158-3141-1

Ⅰ.①零… Ⅱ.①刘… ②沈… Ⅲ.①成功心理—通俗读物 Ⅳ.①B848.4-49

中国版本图书馆CIP数据核字(2021)第 245994 号

零压工作：构建职场幸福大厦

作　　者：	刘建平　沈兰军
出 品 人：	李　梁
责任编辑：	胡小英
装帧设计：	国风设计
排版设计：	水日方设计
责任审读：	付德华
责任印制：	迈致红
出版发行：	中华工商联合出版社有限责任公司
印　　刷：	文畅阁印刷有限公司
版　　次：	2022 年 1 月第 1 版
印　　次：	2022 年 1 月第 1 次印刷
开　　本：	710mm×1020mm　1/16
字　　数：	200 千字
印　　张：	14.5
书　　号：	ISBN 978-7-5158-3141-1
定　　价：	59.00 元

服务热线：010—58301130—0（前台）
销售热线：010—58302977（网店部）
　　　　　010—58302166（门店部）
　　　　　010—58302837（馆配部、新媒体部）
　　　　　010—58302813（团购部）
地址邮编：北京市西城区西环广场A座
　　　　　19—20 层，100044
http://www.chgslcbs.cn
投稿热线：010—58302907（总编室）
投稿邮箱：1621239583@qq.com

工商联版图书
版权所有　侵权必究

凡本社图书出现印装质量问题，请与印务部联系。
联系电话：010—58302915

推荐序

幸福，是人一生中一直在追求的目标、前景和梦想，在生命长河的每个阶段，每个人都有关于"幸福"的理解和憧憬，都会想方设法去追求幸福。作者提出的"零压工作"，并不是指没有压力的工作，而是说要带着幸福感去工作。

在人的一生中，职场是很重要的一段历程。因为职场在人一生中的地位特别重要，所以，职场阶段是否幸福是人生幸福中很重要的组成部分。

首先，作者提出了职场幸福的标准。作者认为并不是拥有没有压力的工作就是幸福，并不是过得比别人好一点就是幸福，并不是有钱就是幸福，并不是事业成功就是幸福，真正的职场幸福来自于快乐地做有意义的工作。

其次，作者提出了实现职场幸福的方法和步骤。作者构建了"一基五柱"的职场幸福大厦。"一基"就是认识自己的优势，发挥自己的长处，找准自己的职业方向，为自己设计好职业生涯。"五柱"分别是培养积极情绪，让积极情绪化解职场压力；投入热爱的事业，执着而专注地在将自己的职业做到更好；打造温暖的人际关系，让自己和他人互相成就；发现工作的意义，让使命感驱动自己不断向前；做好自我管理，只有做最好的自己才能做出最好的事业。

那么我们所说的事业一定是干一番轰轰烈烈的大事吗？当然不是。并非只有政府官员、企业家、医生、教授等，才算值得追求的事业，也并非只有成功人士才有资格谈事业。做一个热心的门卫，让每一个进出大门的人都感到温暖和舒适，也是一种事业；用心播种（菜、粮、果等等），春华秋实，也是一种事业；李子柒于山野背景下种菜、做饭，传播传统文化，更是被认可的"网红"事业。凡是对社会发展有贡献、有益处的工作，都是值得追求、值得肯定、令人尊敬的事业。有了这样的事业，其"幸福大厦"才会巍然屹立。

由此我们得到一个结论：无论我们做什么工作，只要是对社会有贡献的就都是有意义的工作，只要坚持做好"一基五柱"，我们都将成为某个行业的"状元"，实现自己职场幸福甚至是人生幸福的目标。

建平刚邀请我为本书作序时，我自信以数十年的学业和职业经历，应该能轻松完成。没想到，写了多次，总感觉书不尽言，言不及义，敞口很多，漏洞很多。方觉这是一个宏大的研究主题，要就这个主题构建一个令人信服的研究框架和话语体系，汇集前人的智慧，惠及今天的应用，必须运用管理学、哲学、社会学、心理学、经济学等学科的研究成果。无疑，这是一个巨大的挑战。

建平2009年山东大学MBA毕业，多年来工作和研究兼顾，理论与实践并重，一直笔耕不辍，出版了《领导艺术的修炼》等著作，累计在《人民邮电》《中国邮政报》等报刊杂志上发表文章500余篇，其中10余篇论文获奖，多次荣获《山东邮电报》"十佳记者"称号。对于一个在企业工作的人来说，做研究、写论文并不是"主业"，却能取得这么多研究成果，实属不易。博观而约取，厚积而薄发。千淘万漉虽辛苦，吹尽狂沙始到金。建平和兰军的这本书就是他们多年耕耘的结果，不仅体现了宽广的学科视野，而且融入了自己工作中的观察、感悟和发现。有思想，重操作，论说与案例齐备，相信读者从中一定会得到有益的启迪。

是为序。

山东大学管理学院教授 钟耕深

自序

2015年11月，我在出版完成拙著《领导艺术的修炼》后，就开始酝酿创作一本关于零压工作、职业幸福的书，这一想法得到朋友沈兰军的高度认同。于是，我们一拍即合，就携手开始了五年断断续续的创作历程。本书的特点是：

1. 主题精准聚焦。 2020年的五四青年节，短视频《后浪》以不可阻挡之势成为舆论的焦点，网上两代人的反应很不一致，"前浪"看得热血沸腾，感慨现在的年轻人赶上了一个幸福的时代，有了更好的物质生活和更自由的发展空间；而"后浪"却感慨他们的生活压力比以往的任何时候都大，"996""内卷"等形容工作压力的网络新词汇不断涌现，相对于幸福，他们感觉更多的是生活的压力。

那么在面临工作压力时，如何获得幸福，做到零压工作呢？本书就将主题聚焦于此，拟通过在理论研究和实践探索的跨界中寻找切入点，找到具有长期价值的理论和知识，筛选形象生动的故事案例，讲述作者成长过程中的心灵感悟，提供行之有效的方法指引，让读者能从中得到启示，从而实现零压工作、幸福生活。

2. 形式上独具一格。 司马迁说："究天下之际，通古今之变，成一家之言"。在创作本书的过程中，我们努力以这句话为标杆，将这些年吃过的苦，受过的累，踩过的雷，看过的书，见过的人，听到的故事，得到的启发，掰碎揉烂，通过"理论支撑+案例故事+心灵感悟+实现方法"的形式系统输出。这样使得本书既不同于单纯说教的心灵鸡汤，也不同于曲高和寡的学术著作，而是兼具理论文章的科学严谨，故事案例的通俗易懂，心灵感悟的个人原创，实现路径的切实可行。

3. 案例丰富有料。一个案例胜过一打文件。用案例说话是本书的特色之一，本书共收集了100多个案例，其中，50%为作者亲身经历的原创案例，40%为综合各方面材料的改编案例，10%为引用案例。为增强案例的可读性，我们还参照了《哈佛商业评论》推崇的"YUE"管理原则：Young（新鲜的，讲新时代的新鲜事儿）；Useful（指导我个人或事业发展是有效的，相信对其他人也会有借鉴意义）；Effective（长期的价值，不但当前管用，今后相当一段时间都有用）。

4. 创作发酵周期更长。吴晗说："文章非天成，努力才写好。"好文章是抛光打磨出来的，是精心修改出来的。在写作过程中，我们不求速战速决，贪一日之功，而是将战线拉长，有空时就思考一下，不忙时就动笔写一段，还经历过N次思路枯竭暂停搁置了一段时间。就这样"三天打鱼两天晒网"，先后酝酿了三年，写了两年，前后历时五年，意在通过持续发酵，升华自我，努力写出让自己满意、读者受益的作品来。

白马寺后殿门上有一副十分有名的对联：天雨虽宽不润无根之草，佛法虽广不度无缘之人。我们这本拙作自然无法与天雨或佛法相提并论，但创作的初心却是纯粹的。在本书创作的过程中，我们带着完全自发自愿的求知心态，怀着没有任何功利的创作真诚，只是想把这些年积攒的"宝贝"毫无保留整理出来，对自己有个交代。

本书提出零压工作，并不是鼓励大家寻找没有压力的工作，而是希望大家通过阅读本书，找到工作的意义，培养积极的人生态度，学会应对各种工作压力的方法。我们以"一个地基+五个支柱"来构建职场人生的幸福大厦：一个地基就是认清自己，发挥性格优势；五个支柱分别是积极的情绪、热爱的事业、良好的人际关系、发现工作的意义、严格的自我管理。希望读者可以在这座幸福大厦里找到零压工作的方法，让工作的压力变成前进的动力，向着幸福之路出发！

目录

第一章 探索零压工作，拥抱职场幸福

- 1.1 远离焦虑抑郁，携手奔向幸福时代 / 002
    - 1.1.1 焦虑抑郁，一个不可忽视的社会问题 / 002
    - 1.1.2 幸福时代已来临 / 005
- 1.2 探索幸福的本质 / 007
    - 1.2.1 幸福的五大误区 / 008
    - 1.2.2 幸福的本质是快乐地做有意义的事 / 019

第二章 地基：善于人生三问，以性格优势克服压力

- 2.1 我是谁？认识你自己 / 026
    - 2.1.1 认识自己，挖掘潜能 / 027
    - 2.1.2 认识自己的有效方法 / 028
- 2.2 我将是谁？学会规划自己的人生 / 034
    - 2.2.1 认清内心需求的四个步骤 / 034
    - 2.2.2 规划目标，找准职业方向 / 041
    - 2.2.3 SMART——设计人生目标的工具 / 045
    - 2.2.4 实现目标的技巧：划整为零 / 050

2.3 我应该是谁？当好自己人生的CEO / 053
  2.3.1 适度留白，给自己留出思考的时间 / 053
  2.3.2 摆好角色定位，才能演出好戏 / 056
  2.3.3 发挥性格优势，做最好的自己 / 060

第三章 支柱1：培养积极情绪，以饱满热情化解压力

3.1 让我们一起来认识积极情绪 / 064
  3.1.1 好运总是偏爱有积极情绪的人 / 064
  3.1.2 成为英雄的四个核心内涵 / 069
  3.1.3 提升幸福感从学会感恩开始 / 072

3.2 善于从周围环境中获取积极情绪 / 077
  3.2.1 正念冥想，消减压力 / 077
  3.2.2 从他人身上获取积极情绪的三个方法 / 079

3.3 积极化解职场压力 / 083
  3.3.1 正确应对职场压力三部曲 / 083
  3.3.2 积极化解压力的四种方法 / 085

第四章 支柱2：投入热爱的事业，以工作福流忘记压力

4.1 喜欢上自己的工作，体验澎湃福流 / 092
  4.1.1 专心致志让人更快乐 / 092

4.2 以"五心"的心态，做一个有专业的人 / 097
  4.2.1 职位是暂时的，唯有专业永恒 / 097
  4.2.2 爱心，让工作多些温度感 / 099
  4.2.3 专心，心无旁骛钻进去 / 101
  4.2.4 细心，天下大事必作于细 / 103
  4.2.5 恒心，一生做好一件事 / 105

目 录

4.2.6　虚心，一杯咖啡吸收宇宙能量 / 108

第五章　支柱3：打造和谐的人际关系，以人情温暖融化压力

- 5.1　良好的人际关系是减轻压力的良药 / 112
  - 5.1.1　人际关系的重要性远远超乎想象 / 112
  - 5.1.2　黄金法则：己所不欲，勿施于人 / 114
  - 5.1.3　人际关系的本质是互相帮助 / 116
- 5.2　职场人际关系相处秘籍 / 118
  - 5.2.1　有团结的地方，定有幸福相随 / 118
  - 5.2.2　向上关系：努力与上司"同频共振" / 122
  - 5.2.3　向下关系：五大行为推进团队建设 / 128
  - 5.2.4　左右关系：我的地盘我作主，莫动别人的奶酪 / 133

第六章　支柱4：发现工作的意义，以奋斗激情超越压力

- 6.1　让工作有意义，压力就是动力 / 136
  - 6.1.1　人生最重要的是发现生命的意义 / 136
  - 6.1.2　有意和无意做同一件事，效果大相径庭 / 138
- 6.2　成为自己人生的"意义塑造师" / 140
  - 6.2.1　看见生活之美 / 140
  - 6.2.2　仪式感是一件很重要的事情 / 143
  - 6.2.3　赋予工作不一样的意义 / 146
  - 6.2.4　干工作要有一点使命感 / 149
  - 6.2.5　我的工作我作主，自在是最好的状态 / 150
  - 6.2.6　心中有目标，脚下有力量 / 153
  - 6.2.7　跳出舒适区，主动寻求挑战 / 157

第七章 支柱5：做好自我管理，以个人成就慰藉压力

- 7.1 修齐治平，修身是第一位的 / 162
  - 7.1.1 管理好自己的时间 / 162
  - 7.1.2 管理好自己的颜值 / 175
  - 7.1.3 管理好自己的头脑 / 181
  - 7.1.4 管理好自己的语言 / 192
  - 7.1.5 管理好自己的行动 / 202
- 7.2 提升职业素养，成就幸福事业 / 208
  - 7.2.1 没有追随者的人只是在散步 / 209
  - 7.2.2 做好"三升一降"，赢得追随者信任 / 210

后记 / 219

参考文献 / 220

第一章
CHAPTER 01

探索零压工作，拥抱职场幸福[1]

> 幸福是生命本身的意图和意义，是人类存在的终点和目标。
> ——古希腊哲学家 亚里士多德

下面，让我们以积极心理学为理论基础，以大量详实案例和心灵感悟为支撑，探讨以自我性格优势与美德为地基、以"积极情绪＋投入＋人际关系＋意义＋成就"为支柱，探索实现零压工作的方法，追求职场幸福的路径。

---

[1] 经本书部分内容精炼完成的论文《浅谈新时代如何强化幸福邮政建设》，荣获2020年全国邮政工会"学习党的创新理论，争做新时代产业工人楷模"征文比赛优胜奖。

1.1 远离焦虑抑郁，携手奔向幸福时代

> 这是一个千年未遇的大时代，大家的温饱都解决了，可是我们却比任何一个时代都更焦虑，这太不可思议了……
> ——北京大学社会学教授 郑也夫

人类在21世纪面临的最大生存挑战，不是污染、战争、饥荒和瘟疫，而是幸福感偏低。为了呼吁世界各国政府重视人民的幸福感，2012年6月28日，第66届联合国大会宣布，**追求幸福是人的一项基本目标，幸福和福祉是全世界人类生活中的普遍目标和期望**，并将今后每年的3月20日定为"国际幸福日"，在这一天公布年度《全球幸福指数报告》。自此"幸福"更是得到全社会的关注，成为一个热门的流行词汇。

1.1.1 焦虑抑郁，一个不可忽视的社会问题

如果有这样一个常识判断题，车祸导致的死亡人数远大于自杀的人数。（　　）

如果在没有任何背景的情况下，你很可能会选择打"√"。因为生活

中，我们通常会感觉想不开自杀的人很罕见，而由于交通事故导致的死亡似乎稀松平常，但事实上的数据会让你大跌眼镜。《中国卫生健康统计年鉴2020年》显示，2019年死于自杀的人数为5万。《中国统计年鉴2020年》显示2019年死于交通事故的人数也为5万。

导致自杀的原因很多，而头号杀手就是抑郁！世卫组织曾预计，到2020年，抑郁症可能成为仅次于心脑血管病的人类第二大疾病。

根据百度百科的定义，焦虑抑郁症又称焦虑性神经症，是以广泛性焦虑症（慢性焦虑症）和发作性惊恐状态（急性焦虑症）为主要临床表现，常伴有头晕、胸闷、心悸、呼吸困难、口干、尿频、尿急、出汗、震颤和运动性不安等症，其焦虑并非由实际威胁所引起，或其紧张惊恐程度与现实情况很不相称。

患上焦虑抑郁后，患者就好比让人体进入到空铁壶干烧的状态，会一点点消磨掉人的心力，对人的精神和肉体产生巨大的催残，能将一个原本精力充沛的正常人变得整天无精打采，甚至出现呆若木鸡的状态，最严重的后果就是导致自残、自杀思想行为的出现。尤其是面对当今社会的激烈竞争，以及生活中出生难、入学难、就业难、就医难甚至火化难等一系列压力山大的难题，焦虑抑郁患者有扩大化的趋势，它可能会侵袭任何人。

平安财富宝发布的《2017国民财富焦虑报告》中的数据显示：2000多位受访者其中有17.6%的人处于低焦虑状态[1]，78%的人处于中度焦虑水平[2]，4.4%的人处于高焦虑状态[3]。

尤其是职场人士，更是压力山大。招商信诺人寿联合《哈佛商业评论》中文版发布《VUCA"乌卡"时代，打造职场续航力——招商信诺人寿2020中

---

[1] 是指对财富和与之相关事件的担忧水平较低，不会对自身情绪产生明显的影响。
[2] 是指存在一定程度的紧张和不安，但自身可以进行调节。
[3] 是指有强烈持久的紧张和不安情绪，自身难以进行调节，对日常工作生活等造成了较明显的影响。

国健康指数白皮书》中指出，压力成为不可回避的关键词。在所有压力来源中，工作压力排名位居榜首。"工作重复没有意义""收入与付出不成正比""时刻在线的工作状态"，工作和财务双压下的"三座大山"，在持续加剧职场内卷化。从2020年2月的数据来看，中国整体人群压力发生率高达92.4%，较上年增长6.1%，职场人群在2020年各阶段的压力发生率均高于总人群。

有些人过着别人看来很好的生活，身上洋溢着幽默，却体验不到快乐和意义。靠给别人带来欢笑谋生的卓别林、著名港星张国荣等竟然也都是抑郁症患者。**他们似乎什么都有，但就是不高兴，生活没有意义**，他们有让人羡慕的地位，有一辈子花不完的钱，有高档豪车与花园洋房，有众多的忠诚粉丝……但是，他们就是无法从这些东西里感受到真正的快乐，干什么都提不起兴致，甚至对生活充满了绝望。

由扎克·施奈德执导的美国电影《守望者》里，面具守望者罗夏就讲了这样一个故事：

一个男人去看心理医生，说他很沮丧，感觉人生很无情，很残酷，很孤独。

医生说："伟大的小丑帕格里亚齐来了，去看看他的表演吧，他能让你振作起来的。"

然后，男人突然大哭："但是医生，我就是帕格里亚齐啊。"

然而，我们一些人对抑郁等心理疾病充满了偏见，甚至认为这些不是事，不是病，太矫情，不够坚强，扛一下就过去了。美国的一位心理医生在谈到现代人糟糕的情感卫生习惯时说，**"我们对一点点身体的伤口都会大惊小怪，却对心理伤口毫无概念"**。

忽视的东西不代表就消失了，往往蕴藏着更严峻的考验，容易错失最佳的治疗时机，这就好比汽车上一闪一闪的"汽油不足"警示灯，你可以选择视而不见，若无其事地继续前行，但最后的结果就是"油尽灯枯"、抛锚路上。

应对抑郁焦虑最好的方法是提前预防、科学应对，多学习一点有关幸福的理论和知识。多年的工作生活经历让我们相信，幸福是智慧、艺术、能力和方法，是需要学习、感悟、培养和训练的，也是可以学会和实现的。

1.1.2 幸福时代已来临

> 幸福比抑郁更有感染力，螺旋上升的积极目标终会实现。到2051年，全球51%的人将拥有蓬勃丰盈的人生。
>
> ——美国心理学家 马丁·塞利格曼

2012年，央视推出《走基层百姓心声》特别调查"幸福是什么"。央视走基层的记者们分赴各地采访了包括城市白领、乡村农民、科研专家、企业工人在内的几千名各行各业的工作者，而采访对象面对的都是同样的问题："你幸福吗？幸福是什么呢？"

央视的幸福调查引发了人们对幸福的深入讨论和思考，幸福一词持续升温，开始走进千家万户。尤其是近年来，随着人们生活水平的逐渐提高，大家开始有更多的时间关注幸福、研究幸福、提升幸福。

心理学的快速发展尤其是积极心理学作为一门学科的形成并日趋成熟，开始通过现代实证心理科学的手段对幸福进行定义、测量和研究，为幸福研究提供了方法论支撑，插上了理论的翅膀，刮来了一阵"科学风"。现在，有关幸福的研究正走出象牙塔，走进千家万户，呈现出流行化传播趋势。

这其中不得不提的就是哈佛大学的幸福课，这门课已经超过哈佛大学的王牌专业"经济学"，成为最受学生们欢迎的课程，而且选修这门课的学生都是带着父母、爷爷奶奶来选修的。最好的东西一定先让最亲的人来分享，如此看来，幸福的价值已经超越了财富的吸引力。

这阵"幸福风"也吹进了中国高校,并受到莘莘学子的欢迎。清华大学心理学教授樊富珉在一次演讲中曾谈到她在清华大学开设积极心理学选修课的经历,可以说非常抢手、好评如潮,经常是一经推出,就被同学们迅速"秒杀",比春运的火车票还难抢。

曾经有一个同学,在清华大学读了9年书。一天,他在博士后最后一年的开学伊始,专程到办公室找到了她,向她倾述了在清华选修积极心理学课程的艰辛历程,"我本科、研究生、博士和博士后都是在清华读的,从上本科一年级起,就开始选修您的课程,接连选了9年,都没有抢上。"最后,这名同学恳切地希望樊教授能给他一次选修的机会,弥补一下自己9选9不中的遗憾。

樊教授被这位青年学生的诚意深深打动,破格给了这名同学一次选修的机会。清华大学积极心理学课程的受欢迎程度,通过这个小事例,也可以管中窥豹,略见一斑。

自2006年起,中央电视台、国家统计局等单位联合开展"城市幸福感"评选活动,并发布中国10大最具幸福感的直辖市和省会城市。对于城市幸福感来说,影响因素不仅包括经济发展,还包括市民对所在城市的认同感、归属感、安定感、满足感,以及外界人群的向往度、赞誉度。GDP不再是城市竞争力的决定性指标,而"美好生活、幸福生活"的目标成为城市发展的全新引擎。中国就业促进会副会长陈宇认为,国民幸福指数(GNH)必将取代国内生产总值(GDP)成为社会发展和进步的新标志。

国内许多城市、企事业单位也相继打出了与幸福相关的城市名片,并在央视等主流媒体上投放广告,塑造与幸福相关、有温度的品牌形象。

在美丽的黄海之滨,山东威海推出"精致城市,幸福威海"城市品牌宣传语,并规划建设了幸福公园、幸福门、幸福沙滩、万福图等系列"幸福"建筑。

在北京东城有条不宽不窄的斜街叫幸福大街。这里还有特别有名的幸福澡堂子叫"幸福浴池",有个有名的幼儿园叫"幸福三幼",这里的小学叫"幸福小学",去逛的商场叫"幸福商场"……

山东省著名的房地产开发商——鲁商置业,将自己定位为**"幸福生活提供商"**,在提供好房子的同时,努力提供有温度、有情感的社区环境和生活方式,为客户及业主提供幸福生活解决方案,把幸福带给身边的每一个人。

中国邮政将北京市西城区西四南大街16号的邮局更名为"祈福邮局",诠释着百年邮政"传递美好,无处不在"的现代企业新形象,也蕴含着为祖国的繁荣昌盛祈福和为人民的幸福、安康祈福的意思。

此外,河北宣传"京畿福地,乐享河北",福建福州推出"福往福来,有福之州",青海西宁展示"绿水千山,幸福西宁"城市品牌形象,四川泸州塑造"中国酒城·醉美泸州,一座酿造幸福的城市"的对外形象,如此等等,在此不一一列举。

这些无处不在的幸福符号都在表明,幸福已经开始渗透进百姓的日常生活,成为不可或缺的组成部分。幸福作为一种新兴产业,春风正劲,方兴未艾,未来可期。

1.2 探索幸福的本质

> 偏见往往来自无知,纠正偏见的最好方式就是把意见市场流通起来,让意见与意见较量,去赢得多数人的理性。
>
> ——原央视主持人 柴静

关于幸福,每个人都有自己的解读,如同一千个读者就有一千个哈姆雷特一样,一千个人就有一千个自己心中定义的幸福。但是,我们在一些场合提到的职场幸福,与科学意义上的幸福有很大的不同,存在一些认识上的误区。

1.2.1 幸福的五大误区

> 真理之川从他的错误的沟渠中流过。
>
> ——印度近代著名诗人 泰戈尔

谈到幸福,有些人偏面地认为幸福就是没有工作压力,就是比别人好一点,就是不差钱,就是无忧无愁无烦恼,就是成功……但这些都不是科学意义上的幸福。

误区一:幸福就是没有工作压力

> 如果一觉醒来,没有困难了,我就不想活了。
>
> ——宏碁集团创始人 施振荣

有一首打油诗,描述一份好工作应当是这样的:钱多事少离家近,位高权重责任轻,睡觉睡到自然醒,数钱数到手抽筋。

首先,这样不劳而获甚至不劳多获的现象,不符合市场价值规律,在现实生活中肯定是极小概率事件。可是,如果有一天,你真的获得了一份这样的工作,就一定会幸福吗?

刘强东说,"很享受自己努力工作的状态,平均每天花在工作上的时间达16个小时,躺在沙滩上晒太阳会让我觉得很痛苦。"

有人说大佬们不食人间烟火,站着说话不腰疼。事实上,身边的打工人也会有这样的苦衷。

一个朋友在一家企业工作，待遇很好，"单位基本上什么都发"；住所与办公室前后院，步行也就五分钟的路程，不用挤公交、赶地铁，没有通勤奔波之苦；还管着一帮外包公司人员，什么活也不用自己干，每天动动嘴就好了……但是，这位朋友却感觉并不幸福，甚至有些郁闷，还萌发了辞职的念头，他抱怨说，"这份工作太简单，太无趣乏味，太没有技术含量了，感觉无法实现自己的价值。"

看到这里，你可能会说，这朋友太能装了，得了便宜还卖乖，是典型的"凡尔赛"式自夸。但是，新冠肺炎肆虐时，很多人都因此有了一个百年不遇的超长假期，有了一段不用工作，还可以照常拿工资的"好时光"。但是，你感觉幸福吗？

应该说，刚开始大多数人还是很享受的，但是，边际效应迅速递减，慢慢地演变成为一种煎熬。一个朋友发信息说："没有上班，光拿工资，有手有脚，元气满满，满腔热血，一肚委屈。"

有道是"忙的蜜蜂没有悲哀的时间"，人忙起来，才能感受生命的充实和快乐，感悟生命的意义和价值。人一闲下来就会增加很多是非，这正应了那句老话"地里不长庄稼就长草""闲事生非，没事吃饱撑的"。

据《华商报》一篇题为《西安婚姻登记处复工离婚预约爆满》的消息报道：2020年3月2日起，西安市17个婚姻登记处已正常上班，逐步恢复婚姻登记办理工作。记者5日从多个已经恢复业务办理的婚姻登记处了解到，相比于新人结婚的迫切愿望，离婚的人也不在少数，多个婚姻登记处离婚预约天天爆满……西安市碑林区民政局婚姻登记处工作人员王女士告诉记者，"以往每年也是会在过年之后、高考之后，出现离婚小高峰，今年受疫情影响，许多夫妻在家整整一个月，容易产生矛盾，加上之前因为疫情业务一直无法开展,所以这几天,明显能感觉到办理离婚的人数激增。"

飞机待在地上会更快地生锈,人闲着会更快地损耗能量。闲着没事、没有压力有时真是一件活受罪的事,完全闲下来无聊的日子往往浑身不自在、不踏实,身体上的毛病更多,这让我想起罗曼·罗兰的一句名言,"生活最沉重的负担不是工作,而是无聊。"

有些老干部退休后赋闲在家,本该是怡养天年,享受天伦之乐,但退休后却老得更快,几年不见判若两人,其衰老之快速不忍目睹。

大量的心理学研究证据也表明,相对于无所事事的老人,那些经常做一些小事的退休老人要幸福和长寿得多。

心理学家曾做过这样一个试验,他们付费给一些大学生,对他们的要求就是什么也不能做。他们的基本需要得以满足,但是被禁止做任何工作。4-8小时后,这些大学生开始感到沮丧,**尽管参与研究的收入非常可观,但他们宁可放弃参与试验而选择那些压力大、收入也没有这么多的工作。**

为什么不干活反而感觉不爽呢?心理学家米哈里·契克森米哈赖通过调查发现:福流[①]的体验,发生在工作时(54%)的机率,大大高于休闲时(18%)。他说,"人类最好的时刻,通常是在追求某一目标的过程中,把自身实力发挥得淋漓尽致之时"。

斯坦福大学心理学教授凯利·麦格尼格尔研究发现,**最幸福的人并不是没有压力的人。相反,他们是那些压力很大,但把压力看作朋友的人。这样的压力,是生活的动力,也让我们的生活更有意义。**

当然,这个压力也是有限度的,不是越大越好。相关研究认为,在过难和过易之间有一个区域,我们不但可以发挥最大的潜力,还可以享受过程的快乐。也就是说,想要达到这个境界,任务的挑战要难易适度。再具体

[①] 指一种将个体注意力完全投注在某活动上的感觉,福流产生时同时会有高度的兴奋及充实感,简言之,福流是专注于某项活动而带来的极大幸福感。

一点，就是难度略高于技能10%～20%的时候，最容易获得成就感，详见图1–1。

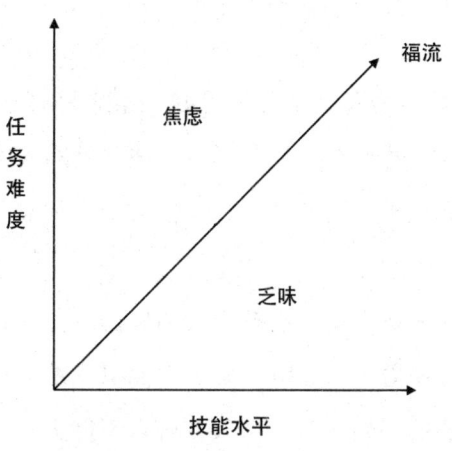

```
任
务      焦虑            福流
难
度
              乏味

              技能水平
```

图1–1　合适的压力是幸福

这里的关键是选择一份与自己智商相匹配的工作。高能力做低挑战的事容易无聊，这好比让一个博士去做小学生的家庭作业，很简单，很快就穷尽了其中的全部奥秘，感觉索然无味。低能力做高挑战的事容易焦虑，这好比让一个智商平平的小学生做奥数题，像读天书一般的感觉，吃奶的力气都用上了还是看不懂。而在焦虑和无聊之间，有一个神奇的空间，人在其中很容易进入专注状态，这就是适当的挑战。

误区二：幸福就是比别人好一点

　　但是，唉，从别人的眼里看到幸福，多么令人烦闷。

　　　　　　　　　　　　　　　　　　——英国剧作家　莎士比亚

有一种人的幸福叫"比别人好一点"，他们喜欢在与他人的比较中找到平衡，获得幸福感。

在电影《求求你表扬我》里，著名笑星范伟有一段经典台词，让大家印象深刻，他说："幸福……那就是，我饿了，看别人手里拿个肉包子，那他就比我幸福；我冷了，看别人穿了一件厚棉袄，他就比我幸福；我想上茅房，就一个坑，你蹲那了，你就比我幸福！"

有一种恶叫见不得别人比自己过得好，本来好好的，看到邻居谁买房了，同事谁升职了，周边谁炒股发财了……便开始陷入无端的焦虑中。我们自古就有"不患贫而患不均"的说法，不怕自己得到的少，就怕自己得到的比别人少。

更有甚者，有些人将幸福建立在别人的痛苦之上，对别人的不幸津津乐道、幸灾乐祸，一心盼着比自己混得好的人倒霉遭殃，从中找心理安慰。这样的人让我想起歌德的一句名言，"人变得真正低劣时，除了高兴别人的不幸之外，已无其他乐趣可言。"

尤金·奥尼尔有一种观点，**幸福就是一双鞋合不合适只有自己一个人知道。成功必须排名次，但幸福却不需要，**是自己心灵深处的感觉。掌握在自己手中的幸福，才是稳定持久的幸福。要知道，人生下来就有不同，有的人一生都奋斗在去罗马的路上，有的人生下来就在罗马。每个人都有自己的生活方式，都有自己的精彩，也有自己的无奈。

"人比人得死，物比物得扔"，比较是没有意义的，也是很多人生悲剧的源头。尤其是我们这一代，既享受着改革开改的巨大红利，也承受着改革利益调整带来的压力。从本质上说，改革就是利益的重新分配，自然会有人分得多一些，有人分得少一些，有人会升上去，有人会降下来……这时，能不能做到人与自我和谐、保持心理平衡就非常关键。你是否幸福其实与他人无关，与幸福的能力和方法有关，这完全取决于自己。只要自己感觉幸福，就是人生最完美的答卷。

误区三：幸福就是不差钱

只要基本生活无虞，额外的收入并不能带来多大快乐。

——美国心理学教授 爱德华·迪纳

金钱和幸福是正相关的关系，但是，金钱对幸福的作用却不是无限的，而是有"临界值"（美国人的研究是年收入7.5万美元），存在天花板效应，在达到"临界值"之前，金钱和幸福感是0.12正相关的关系。一旦突破这个限度之后，效果就不那么明显。

心理学研究发现，一个人是否感到幸福，并不取决于自身实际有多少钱，而是取决于实际有多少钱和想拥有多少钱的比例关系，分母对分子的比值越大，幸福感越强。

"你对金钱的看法比金钱本身更能影响你的幸福感"，由于个人的欲望不同，有些人欲壑难平，想拥有更多的钱，尽管自己财富不少，但关乎幸福感的比值并不大；有些人认为"人间至味是清欢"，钱满足基本的生活需要就够了，财富虽然不多，但却自得其乐。所以，有些穷人感到很幸福，而有些富人却觉得不快乐。

原国家能源局煤炭司原副司长魏鹏远虽然很有钱，但由于贪红了眼睛，却幸福不起来。他说，之前自己一直觉得手握足够的金钱才能给自己带来安全感，但他后来发现这些钱来路不正，反而让他更加惊慌。

2014年5月，魏鹏远被有关部门带走调查，带走调查时其家中发现2亿现金，重1.15吨，检察官从北京一家银行的分行调去16台点钞机清点，当场烧坏了4台，令人唏嘘不已。

2016年10月，魏鹏远以受贿罪被判处死刑，缓期二年执行，剥夺政治权利终身，并处没收个人全部财产。

魏鹏远们欲望无边，总想获取比别人更多的金钱，最终走向了不归路。很多人花一辈子才明白的道理是，我们真正需要的东西实在太少。良田千顷不过一日三餐，广厦万间只睡卧榻三尺。

只有你选择要快乐时，才会感到快乐。一张五名印度小孩"自拍照"获得国际摄影大赛金奖：穷苦的孩子们脸上洋溢着灿烂的笑容。他们穿着又脏又旧的衣服，几乎都赤着脚，站在泥土路上，唯一有鞋子的左脚穿了一只很旧的蓝色人字拖鞋，右脚的就贡献当作"相机"了！远处有些用旧铁皮胡乱搭建的建筑、土堆等。这张照片由印度男演员博曼伊兰尼在社交媒体上晒出，并附文写上：**幸福与拥有多少无关，与内心相连！**见图1-2。

图1-2 拍照的印度孩子

《华盛顿邮报》曾做过一份调查："你认为世间最奢侈的物品是什么"？评选结果表明，**世间最奢侈的物品均与物质满足无关。真正的幸福与快乐，永远是由内而生，而不是外在赋予；人生真正的价值，来源于感悟生活，星空与云海，信任与陪伴。**

可能很多人都幻想通过中大奖等方式，实现一夜暴富，"朝为田舍郎，暮登天子堂"。这些运气爆棚、真的实现一夜暴富的幸运儿，从此就真的过上幸福生活了吗？

来自加利福尼亚州的James，买彩票很幸运地中了1900万美元，一夜之间变成了富人。

他辞去了夜班保安的工作,和妻子一起去夏威夷旅游,还买了一栋漂亮的新房子。两人觉得自己运气太好了,打算继续买彩票。

但不久之后,妻子和他离婚了,拿走了一半的钱。很快,James又染上了毒瘾,这可是一笔高支出,剩下的钱完全不足以支撑吸毒的开支。于是,他选择去抢劫银行。在纽约、洛杉矶等地的银行抢劫案中,他一共抢了4万美元。

2018年3月15日,James承认了自己的罪行,最终,他将面临长达80年的监禁。

误区四:幸福就是天天开心

生命是一袭华美的袍,爬满了蚤子。

——张爱玲

在谈到幸福时,有些人认为"幸福=没有痛苦",天天开心,无忧无愁无烦恼。而任何经历过负面情绪,无论是嫉妒或者愤怒、失望或者悲伤、恐惧或者焦虑的人,都算不上一个真正幸福的人。

泰勒教授认为,这是一个彻头彻尾的误区,这些人要的不是幸福,而是完美。幸福不等于完美。"月有阴晴圆缺,人有悲欢离合",真实的人生永远有春夏秋冬,潮起潮落,鲜花荆棘,谁也逃不离。

也有些人为了让自己变快乐,压抑心中的忧郁,装着很幸福,对不快乐采取回避态度,逃离真实的生活,但是该来的总会要来,生活迟早还要面对,他们仍然没有变得快乐,甚至觉得更不快乐了。

要知道,这个世界上,最不能伪装的东西有三样——咳嗽、贫穷和幸福,越伪装越欲盖弥彰。人们所有的感受其实流过同一条情绪通道,当我们阻止痛苦情绪时,其实就是在间接阻挡快乐情绪。而当这些痛苦情绪长期不能释放出来的时候,它们会膨胀并且变得更强烈,一次次地卷土重来,到了最终爆发的时候，往往会彻底击垮我们。

大家应该都看过《泰坦尼克号》，以电影中的女主角罗丝为例，她当时已经有了未婚夫，一直努力在这段关系中扮演着"淑女"。

他们的关系如同水晶，晶莹剔透，看起来像童话般美好。但人性是复杂的，不会如此完美。短时间的压抑是可以的，但是长期看来，这是对人体能量的不断消耗，隐藏着很大的潜在风险，而且压抑得越久，报复性反弹就越猛，可能风险越大。当罗丝遇到杰克的时候，她人性中压抑的另一面被激活了，飞蛾扑火地奔向爱情。

对待幸福的科学态度应该是定位于做一个完全真实的自己，敢于直面真实的人生，"准许自己做一个完全人，像小孩子一样，想哭就哭，想笑就笑"，不逃避生活，不压抑自己。

"祸兮福之所倚，福兮祸之所伏"。幸福和痛苦是共生共存的孪生兄弟。在构成我们生活的元素中，人生不如意十之八九，这才是生而为人真实的模样。人的这一生，小的时候可能快乐更多一些，等到长大后，就始终被五味陈杂的生活所包围。幸福不是没有痛苦，遭受痛苦是人生的常态，哪怕是那些幸福的人，也一样会经历许多痛苦。

电影《爱在日落黄昏前》中有一句经典台词，"人们总是觉得自己是唯一痛苦的人。"觉得别人的生活比自己好，其实，家家有本难念的经，没人比你更好，但你也没比任何人好。

在充满激烈竞争的现代社会里，没有一份工作是不辛苦的，没有一种职业是吃着火锅唱着歌就可以拿高薪的，没有一个人不劳而获就可以始终受人尊重的，而且越是看着光鲜亮丽的事业，越是需要付出更多的心力。欲戴王冠必承其重，所有的伟大，都是熬出来的。

痛苦不可怕，关键是怎么看。幸福的家庭都是相似的，幸福的人在看待痛苦方面也是相似的，那就是他们将痛苦视为生命必需的营养成份，并可以从中获得感悟和成长。

《平凡的世界》里塑造的少安少平兄弟是幸福的，他们把艰苦的劳动视为一所把人的意志锻炼成为钢铁的学校，越是艰险越要向前。少安说过，"我们这些来自生活底层的人，受过的苦难，正是我们的优势所在。"少平更是自豪地宣告，"不要怕苦难！如果能深刻理解苦难，苦难就会给你带来崇高感。如果生活需要你忍受苦难，你一定要咬紧牙关坚持下去，有位了不起的人说过：痛苦难道是白受的吗？它应该使我们伟大！"

真实的生活比小说里还要难得多，但是，天下没有白受的苦，白吃的亏，白担的责，白扛的罪，白忍的痛，这些到最后都会变成光，照亮你前方的路。孟子也说："故天将降大任于是人也，必先苦其心志，劳其筋骨，饿其体肤，空乏其身，行拂乱其所为，所以动心忍性，曾益其所不能。"

体验痛苦可以帮助人更好地感知幸福。一个随时随地都快乐的人往往感知不到幸福，只有当他有负面感受时，才能激发出对幸福的觉察。炎炎夏日，一直蹲在树荫下乘凉的人，是感受不到凉快的，只有在日光暴晒下劳作一番，再回到树荫下，才能体会到凉风习习的幸福感。

稻盛和夫回忆自己经历的数度苦难，庆幸自己由此志向才变得更为坚固，才能造就如今的自己，"倘若出生优越之家，捧在手心怕摔了，含在口中怕化了，轻松进入期望的学校就读，顺利进入著名的大企业就职，全然不知人间疾苦，那我的人生道路将是截然不同的。"

误区五：幸福就是成功

你生活得越幸福，你就越富裕。这也不断地激励着我。

——美国心理学家 马丁·塞利格曼

成功与幸福既相向而行，具有较强的正相关性，但又非重叠关系，并不是简单的成功或升职加薪。有关研究表明，**一般来说，越成功，越幸福，成功可以带来幸福，但却不是必然关系。**

人们渴望成功，很多人更是希望走捷径快速成功。但是，越想走捷径越会走更多的弯路，这让我想起有句被说滥的话，便是茨威格在《断头王后》里讲的："她那时还太年轻，不知道命运馈赠的礼物，早已暗中标好了价格。"

成功是可遇而不可求的。它是一种自然而然的产物，是一个人无意识地投身于某一伟大的事业时产生的衍生品，或者是为他人奉献时的副产品。如果只想着成功——越想成功，就越容易失败，而且还会产生焦虑等一系列不良反应。

据《中国青年报》报道，在名校里读书最大的挑战并不是学术，而是焦虑感和不幸福感。成绩越优秀，对自己的期待越高，这种焦虑感反而越强烈。这些名校的学生在外人眼中是千军万马过独木桥的成功者，但这种成功并不一定带来幸福。美国心理学会也曾公布《大学校园危机》：接近一半的大学生感到"绝望"；近1/3的学生承认，在过去12个月中，由于心情过度低落而影响到了正常的学习和生活。

因此，如果你拿着成功学的地图，去寻找幸福的新大陆，是抵达不了目的地的。但是，如果拿着幸福学的地图，去寻找成功的新大陆，却会一路顺风。

越幸福，越成功，幸福本身也能带来更多的成功，幸福对成功的推动却是必然的。幸福是提升生产力最直接、最有效的方法。一个心中洋溢着幸福的人，一定是充满着激情去工作的，也一定会把握住更多的机会，产生更好的绩效。

博拉·米卢蒂诺维奇对广大足球球迷来说，是相当熟悉亲切的一个名字。2001年米卢创造了神奇纪录，率领中国国家队圆了44年的世界杯之梦，首次进军世界杯正赛阶段的比赛。谈到米卢和足球的这段故事，资深足球节目评论员张路在一次演讲时，颇有感慨地说："米卢能带中国队杀进世界杯，不是偶然的，他找准了中国队问题的症结，提出了'快乐足球'，同时，还有让足球快乐起来的方法，让中国队发挥出了应有的水平。"

1.2.2　幸福的本质是快乐地做有意义的事

真正能够持续的幸福感，需要我们为了一个有意义的目标快乐地努力与奋斗。

——《幸福的方法》作者　泰勒·本·沙哈尔

正本清源，回归本质，那么什么是真正意义上的幸福？从积极心理学角度讲，幸福的本质就是快乐地做有意义的事。特别敲一下黑板，这里面有三个关键点：一是过程要快乐，代表现在的美好时光，属于当下的利益；二是结果要有意义，代表未来的美好期待，属于长远的利益；三是一定要做，幸福是奋斗出来的。

一、人生的四种模式

幸福的人生态度不仅是为了自己的目标努力奋斗，也需要享受当下的每时每刻。

——《幸福的方法》作者　泰勒·本·沙哈尔

与动物的一重化特征不同，人的存在具有二重化特征，即肉体与精神的分离，肉体传导的是过程，精神传导的是结果，肉体感觉快乐的事情，精神上不一定感觉有意义。同一件事情，过程和结果的感觉有时是吻合的，有时又是矛盾的。

根据过程和结果感觉快乐的不同,哈佛大学泰勒·本·沙哈尔教授以吃汉堡为例,将各色人生总结为四种模式,详见图1-3:

	享乐主义型 享受眼前的快乐,但同时埋下未来的痛苦。好比吃一份美味诱人的"垃圾食品"。	幸福型 既享受当下所做的事,又可获得美好未来。好比吃一份美味诱人的健康食品。
	虚无主义型 既不享受眼前的事物,也不对未来抱期许。好比吃一份口味很差的"垃圾食品"。	忙碌奔波型 大多数人的状态是"幸福的假象",牺牲眼前的幸福,为的是追求未来的目标。好比吃一份口味很差的有机食品。

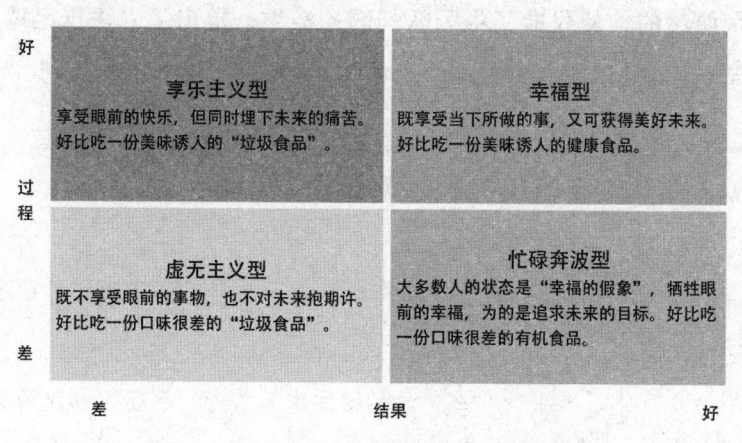

图1-3 泰勒·本·沙哈尔:人生四种模式

1. 当过程和结果均感觉不快乐的时候,沙哈尔教授称之为虚无主义型人生。

当事人既不享受眼前的事物,也不对未来抱期许,这好比吃一份口味很差的"垃圾食品",吃时口感不好,吃后回味也不爽。这样的人生最糟糕,肯定不幸福,自然毫无争议。

2. 当过程感觉快乐而结果不快乐的时候,沙哈尔教授称之为享乐主义型人生。

单纯的过程快乐在时间上是短暂的,是一时和一事的,倾向于物质和感官层面。当事人享受眼前一时的快乐,"今朝有酒今朝醉",但同时埋下未来的痛苦,在快感消失之后感觉更空虚,"举杯消愁愁更愁"。比如炎热夏天晚上喝冰镇啤酒,吃烤串、小龙虾,这感觉,够爽,可以说,过程感觉是畅快淋漓的,但是结果却是对人的健康不利的,对痛风的人来说甚至是痛苦的。

3. 当结果感觉快乐而过程不快乐的时候,沙哈尔教授称之为忙碌奔波型。

这是大多数人认为的幸福状态,是一种"幸福的假象",牺牲眼前的幸福,为的是追求未来的快乐,这好比吃一份口味很差的有机食物,吃时口感不好，但是富有营养。

4. 当结果和过程同时感觉快乐的时候，沙哈尔教授称之为幸福型人生。

当事人既享受当下所做的事，又可获得美好未来。因为享受当下，所以过程快乐，因为拥有美好未来，所以更有意义。这好比吃一份美味诱人的健康食品，当下美味可口，长远对身体有益，吃了还想吃。也就是孙中山先生所说的"饮和德食"，饮要和谐，食后道德，吃时享受，吃后舒服。

不论是单纯的过程感觉快乐，还是单纯的结果感觉快乐，抑或是过程和结果都感觉快乐，都伴随着同步的生理活动。快乐感是一种主观的体验，客观的外界因素往往是通过主观加工而起作用的。人的快乐和痛苦是由其特质或认知方式决定的。外界的视听触嗅味，通过大脑这个中央处理器进行高速地信息处理，并给予意义，区分快乐与痛苦，而这一过程，也是高耗能的活动。体重2%的大脑，消耗大约人体内20%的卡洛里，详见图1-4。

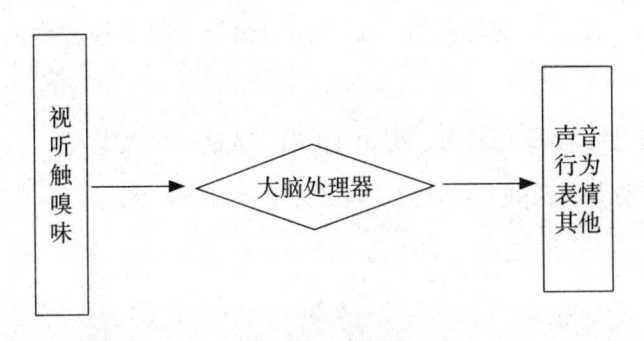

图1-4　快乐来源

幸福型人生表现为过程和结果的同步快乐，不仅过程是快乐的，结果也是有意义的。这种快乐倾向于精神和身体层面，从内心深处不断涌现的快乐感，是深层次的满足感，体现为过程和结果的统一性。享乐主义型人生表现为单纯的过程感觉快乐，倾向于身体层面，是浅层次的满足感。

人之所以成为人就在于人类不只是依赖于本能而活着，而在于人更具有丰富深刻的情感，可以不陶醉于今朝有酒今朝醉，不沉迷于简单的满足、一时的快乐，而是拥有一个丰富真实的生活整体，追求更有意义的幸福与快乐。

二、幸福的生活，乐在追求之中

> 在一味追求GDP的今天，我很希望人们能停下脚步，反思一下，到底什么能给自己带来真正的幸福感，并让这种幸福感持续下去。
>
> ——清华大学心理学教授 彭凯平

天上不会掉馅饼。幸福好比是跳一跳才能摘到的桃子，是等不来的，也不是空想和意淫出来的，关键体现在实际行动中，"JUST DO IT!"，在追求的过程中来品味幸福。幸福的生活，不是追求快乐，而是乐在追求之中；不只体现在结果里，还体现在每时每刻的过程之中。

何为幸福？真正能够持续的幸福感，需要我们为了一个有意义的目标快乐地努力和奋斗。幸福不是拼命爬到山顶，"会当凌绝顶，一览众山小"，也不是在山下漫无目的地游逛，而是向山顶努力攀登过程中的种种经历和感受。

塞利格曼综合研究发现，提出了PERMA这一幸福理论，为我们追求幸福、活出蓬勃人生提供了有效的工具和方法（见图1-5）。

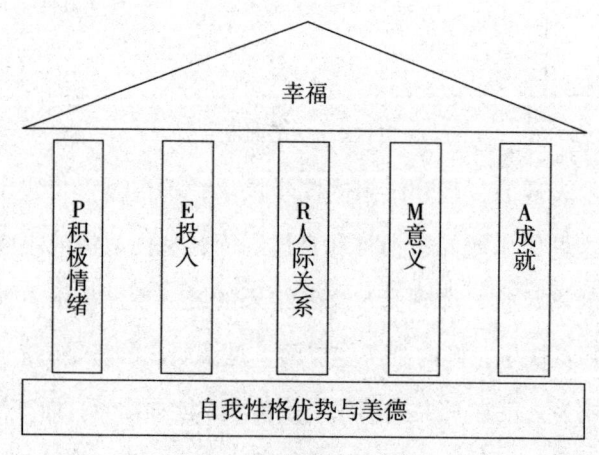

图1-5 幸福大厦的模型

这个理论告诉我们，幸福不是单一的、不可捉摸的，而是多元、有科学配方的，它包括五个元素：积极情绪（Pleasure）、投入（Engagement）、人际关系（Relationships）、意义（Meaning）和成就（Accomplishment）。

积极情绪指一种生活中的快乐感和满足感。人在开心的时候，积极的时候，一定是愉悦的、开心的。

投入指忘我做事时的福流状态。人在沉浸、投入做一件事情的时候，往往更幸福。

人际关系是指来自社会和家庭的有支持性的积极关系。幸福的人是愿意与人分享的，而不是把自己宅起来。

意义是追求某个超越自我的目标。人对愉悦的体验，是来自于对意义的分析，意义是很重要的，一定要从中发现意义，哪怕这件事情看起来很普通。

成就是追求卓越的表现和对环境的掌控力。幸福是有结果的，是能够看得见、摸得着、抓得住的。

这五个元素相互独立，又环环相扣、相互影响，每个都可定义、可测量，且本身就可以作为个人追求的终极目标；每个元素都是通往幸福的一条途径，但又不代表幸福的全部；如果它们能得到均衡发展，就能创造出最大化的幸福。按照马丁·塞利格曼的理论，五个元素就像是五根柱子，共同撑起幸福这座"四梁八柱"，而个人的性格优势和美德对每一个幸福元素都有影响，为"大厦"提供了坚实的地基。我们可以按照这个配方来搭建幸福大厦，收获职场幸福这个"跳一跳可以摘到的桃子"。

第二章
CHAPTER 02

地基：善于人生三问，以性格优势克服压力

我们的事业是什么？我们的事业将是什么？我们的事业究竟应该是什么？

——现代管理学之父　彼得·德鲁克

德鲁克的经典三问曾引起无数管理者的反思，成为指导企业运作的行动指南。我们每个人就是自己人生的 CEO。面对自己的人生，也要善于三问：一问我是谁？正确认识自己；二问我将是谁？我未来会成为什么样的人；三问我究竟应该是谁？应该沿着什么样的路径前进，做最好的自己。

2.1 我是谁？认识你自己

> 认识你自己。
> ——镌刻于古希腊德尔菲神庙上的铭言

认识自己就是知道"我是谁"，古人叫"知天命"，这是我们一生的必修课，是发展自我、成就自我的基础，也是一切管理活动的前提。

法国画家保罗·高更的巅峰之作《我们从哪里来？我们是什么？我们到哪里去？》：最右边是一个生机勃勃的婴儿，最左边是一个行将就木的老妇人，整个画面代表了人的一生。画面上有一处暗蓝色的雕像，举着双手，暗示着死亡的不可避免，但似乎也指引着来世。而画面中最显著的位置，是一个金橘色的青壮年的身躯，在采摘芒果，象征着人世的欢乐。（详见图2-1）

图2-1 我们从哪里来？我们是什么？我们到哪里去？

2.1.1 认识自己，挖掘潜能

> 认识自己是21世纪生存最重要的能力。兼听则明，偏信则暗。对自己有更清晰和准确认知的人，能够做出更明智的决策。
>
> ——美国组织心理学家　塔莎·欧里希

曾有人问泰戈尔三个问题：世界上什么最容易？什么最难？什么最伟大？泰戈尔是这样回答的：指责别人最容易，认识自己最难，爱最伟大。

认识自己是一个既简单又深奥，既耳熟能详又令人困惑，既恒久不变又历久弥新的终身课题。在历史的璀璨长河中，人类从来没有停止过对自我的追问。它与"我从哪里来""我到哪里去"一起，共同构成了人类永恒的三个哲学难题。

人生在世，首先要做的应该就是正确认识自己。古人讲，知人者智，自知者明。只有首先正确认识自己，才能更好地发展自我、成就自我。

德鲁克深刻地指出："你应该在公司中开辟自己的天地，知道何时改变发展道路，并在可能长达50年的职业生涯中不断努力、干出实绩。要做好这些事情，你首先要对自己有深刻的认识——不仅清楚自己的优点和缺点，也知道自己是怎样学习新知识和与别人共事的，并且还明白自己的价值观是什么、自己又能在哪些方面做出最大贡献。"

自我认知愈充分，自我坦诚愈足够，在人际交往中愈容易创造出理解、宽容、和谐的人际关系，可以让自己变得更聪慧，做事顺风顺水、事半功倍，还可以避免祸患、获得幸福。

一个人成长的经历，必然伴随着认识自我的探索过程，从无意识到有意识，由不清晰到清晰，逐步进行纠偏，不断接近更加真实的自己。可以说，能看清多深的自己，就能看透多深的社会；能看到多远的过去，就能看到多远的未来；能看透多深的世界，就能做出多大的事业，这是变化无常的人生中永远颠扑不破的硬道理。

中国工程院院士、建筑专家王小东在清华大学演讲时，曾意味深长地说："我一生都在思考什么是建筑。"相比于静态的建筑，会思想的人肯定更复杂，更微妙，更难以琢磨。认识自己是我们一生永不结业的必修课。生命不止，探索自己的进程就不会结束。认识自己，我们仍然在路上；认识自己，我们永远在路上。

2.1.2　认识自己的有效方法

> 自己这个东西是看不见的，撞上一些别的东西，反弹回来，才了解自己。
>
> ——日本时装设计师　山本耀司

乔哈里窗口是由美国心理学家乔瑟夫·勒夫和哈里·英格汉姆提出，被广泛应用于理解和培养自我意识、个人发展、改善沟通、推进人际关系、团队建设、群体间关系。它包括四个区域（见图2-2）：

1. 自我和他人都知道的，是公开的我：人与人的交往，大多发生在这个领域。第一个区域，是人际交往的主要阵地。这个部分是有关自己的各种信息，包括行为、态度、感情、愿望、动机和想法等。这是自己知道，别人也知道的部分，包括缺点和优点。

2. 自我知道，但他人不知道，是秘密的我：这是一个对外封闭的区域。其中包括个人想法、感受经验及他人无法知道的区域。这个区域的开发程度完全由自己控制。每个人的秘密自我大小也不尽相同，有的人心直口快,有的人则深藏不露。

3. 自我不知道,但他人知道,是盲目的我:在这个区域中,个人看不到自己的优劣,但在他人眼中,却一目了然,这就是所谓个人的盲点。应在双方的努力下,通过相互人际反馈觉察自我盲点,向"公开的我"转移,以减少冲突。盲点不一定完全都是缺点,有时也会忽略自己的优点和强处。

4. 自我和他人都不知道的,是未知的我(危险区域):这个部分的信息自己和他人都不知道,需要通过探索以开放或了解自己的未知区域。这其中会包括未曾觉察的潜能、压抑下来的记忆和经验等。这些就是冲突的最大来源,应该逐渐向"盲目的我""秘密的我"区域转移,也就是说争取被对方指出来或直接自己发现后向安全区域转移。

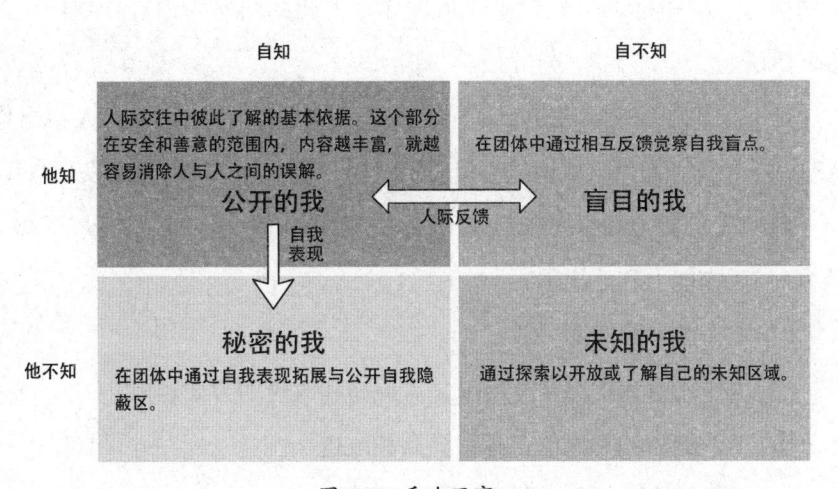

	自知	自不知
他知	**公开的我** 人际交往中彼此了解的基本依据。这个部分在安全和善意的范围内,内容越丰富,就越容易消除人与人之间的误解。	**盲目的我** 在团体中通过相互反馈觉察自我盲点。
他不知	**秘密的我** 在团体中通过自我表现拓展与公开自我隐蔽区。	**未知的我** 通过探索以开放或了解自己的未知区域。

图2-2 乔哈里窗口

乔哈里窗口可以为我们提供一个认识自己的窗口。我们可以通过外部反馈和内部自我觉察相结合的方式,来认识自己、突破自我。

一、通过外部反馈来认识自己

能够听到别人给自己讲实话，使自己少走或不走弯路，少犯错误或不犯大的错误，这实在是福气和造化。

——英国哲学家　弗朗西斯·培根

通过外部反馈来认识自己，就是要以认识自我、完善自我的宽容态度接受来自外界的提醒，直面自己的不足，因为他人会促使我们了解自己更多，也能帮助我们完善自我。

1. 综合运用多种途径360度反馈来认识自己。

每到年底，单位人力资源部门往往会组织开展绩效考核工作，通常会围绕德、能、勤、绩四个方面，设计工作责任心、学习创新能力、沟通协作能力、岗位知识与技能、岗位工作完成情况、上级交办任务完成情况等考核指标，明确每一项指标的考核权重，请领导、下属和同事为你打分划档，并提出意见建议。

这是一项工作流程，也是认识自己的有效途径，特别是当有人指出你的盲区时，不管意见如何，应该从心里表示感谢，这常常意味着重新发现自我。

・A+：工作能力和意愿特别突出；

・A：工作能力和意愿强；

・B：工作能力和意愿一般；

・C：工作能力和意愿基本可以，需提高和改进的方面较多；

・D：工作能力和意愿低，亟待提高和改进。

2. 进行数据筛选，多吸收"对"的反馈。

虽然他人对我们的看法和意见是认识自己最重要的一部分，但并不是所有外界反馈都具有同等的价值——我们需要寻求"对"的反馈。在选择对象时，我们要避免两种人：去掉一个最低分——无爱的批评者，去掉一个最高分——无批评的爱人。

不难理解，前者就是那种无论我们做什么，工作多努力，成效多明显，他们都会吹毛求疵，鸡蛋里挑骨头，指责批评我们的人。例如爱妒忌的同事，怀恨在心的前任。后者则是无论我们做什么，无论我们多错，都不会批评我们的人。比如坚信"自己的孩子完美无缺"的妈妈，或习惯性讨好的"老好人"。

3. "晚餐桌上的真相"。

这是一个需要充足勇气的方法，但同时也是一个有望给你的外部自我觉察带来质的提升，并改变最重要人际关系的方法。顾名思义，你需要邀请一个密友，或家庭成员、人生导师共进晚餐。用餐时，你要请他们说出一个你让他们最为恼火的地方，可以是你做过的某件事、你的某个特质等。当然，在那之前，他们需要知道你这样做的原因，以及他们有畅所欲言的权利。此外，你不能做出任何带有攻击性的回应，而是真诚地倾听。

你需要知道，"真相"往往比我们想象中的还要令人难以接受。但你付出了多少勇气，就有机会收获同等的成长。

二、通过提升内部自我觉察来认识自己

吾日三省吾身，为人谋而不忠乎？与朋友交而不信乎？传不习乎？

——《论语·学而》

通过提升内部自我觉察来认识自己，就是要提升内部自我觉察，不断探索尝试，开发或了解自己的未知区域。

1. 勤于"复盘"，经常回首走过的路。

复盘，围棋术语，也称"复局"，指对局完毕后，复演该盘棋的记录，以检查对局中招法的优劣与得失关键。下围棋的高手都有复盘的习惯，他们平时在训练的时候大多数时间并不是在和别人搏杀，而是把大量的时间用在复盘上，这样可以有效地加深对这盘对弈的印象，也可以找出双方攻守的漏

洞，是提高自己水平的好方法。

现在，复盘已经不仅是棋类选手的术语，而成了人们反思与总结的代名词。人生也需要不断复盘，"吾日三省吾身"，经常回顾总结自己走过的路，系统分析一下别人的成功得失，比如，可以每天晚上睡觉前对当天的工作进行简单回顾，每天早晨上班路上将当天的计划统筹考虑，每件事情完成后进行盘点总结。这样，才能更通透地认识自己，对下一步方向作出清晰判断、正确选择，实现快速成长。

一次，歌唱演员蒋大为在北京大学作演讲，有人向他请教唱歌的诀窍。他回顾了自己多年歌坛生涯，深有感触地说没有诀窍，最好的方法倒是有的，那就是反复听自己的录音。这其实说的就是复盘。

2. 将自己放置在一个陌生环境里。

相关研究表明，当一个人处于陌生的环境，他的优点和弱点都会更容易显露出来，这是我们认识自己的机会。

人在陌生环境中的反应有时是超乎想象，甚至不可用正常逻辑思维来推理的。比如，人们都喜欢来一场说走就走的旅行，可以到比较大的城市走一走，看一看，这是比较容易想象的；但是，如果你的梦想在诗和远方，有幸到了世界上温度最低、风景最震撼人心的南极地区去旅游，会有什么反应？

按照通常的思考逻辑，到那里我们会穿得很厚很厚，把自己裹得严严实实。但事实上，人除了本能的生理反应，把自己穿得暖暖和和之外，还会有一种心灵的升华，将自己融入大自然之中，用身体触摸冰雪。一些朋友会选择在大自然中裸奔或静静地在纯净的冰雪世界里躺一会，体验一下那种冷得极致、天人合一的美。这也表明，极致状态与平常状态对人的心理影响并非线性关系，不身临其境是无法体验的。

3. 对自己狠一点，逼自己一把。

跳蚤试验讲的是：将一只跳蚤放进一只没有盖子的杯子内，跳蚤可以轻而易举地跳出来。接着盖上杯子后，跳蚤每次向上跳时，都因撞到盖子而跳不出来。后来把盖子拿掉，跳蚤也跳不出去了。然后，给杯子快速加热，跳蚤又可以一下跳出去了。

这带给我们的启示是：人前进道路上的最大障碍就是自我设限。世界上最大的监狱是人的思维意识。一件事情，我们可能在还没有尝试之前，就已经根据以前经验，进行自我设限，这是不是有点像困在瓶子里的跳蚤？如果没有快速加热的外力逼迫，就永远不知道自己的潜力到底有多大。

4. 站在月球看地球，跳出自己看自己。

亚当·斯密说："一个认识自己的人能够走出自己，像个观察者一样从外面看自己的反应。"只有做一名旁观者，站在月球看地球，跳出自己看自己，才可以放下当局者的执迷，立场才尽可能客观，思考才尽可能周全，更能客观真实地看清真实的自己。正如一位从小在西安长大的朋友讲，"小时候，一直以为每座城市都有城墙，后来，走出西安才知道全国只有西安才有这么完整的城墙。"

5. 通过与他人的对比来认识自己。

以铜为镜，可以正衣冠；以人为镜，可以明得失。没有比较，就没有鉴别，就无法知道自己在整个社会中的位置，在芸芸众生中的坐标。只有通过比较，我们才能知道自己的短处、长处、长中之短、短中之长，从而做到"知彼知己，百战不殆"。

具体来说，可以应用对比的方法：面对同一件事，思考一下你会怎么做，把你的做法写在纸上；预测一下他人会怎么做，把你的预测写在纸上；观察他人最后实际是怎么做的，高明之处在哪里，背后的思维逻辑是什么，这样，你就更清楚地认识到自己与他人的差距，知不足而精进，你的能力也会因此得到持续提升。

2.2 我将是谁？学会规划自己的人生

> 有两种东西，我对它们的思考越是深沉和持久，它们在我心灵中唤起的惊奇和敬畏就越来越历久弥新，一个是头上的星空，另一个是内心的道德法则。
>
> ——德国哲学家 伊曼努尔·康德

我将来会是什么样子？近期小目标是什么？中期赶超目标是什么？远期奋斗目标是什么？这些都是不可回避的严肃问题。一个人，只有清楚地知道内心深处的需求是什么，人生目标是什么，才能做出正确选择，走好人生每一步。

2.2.1 认清内心需求的四个步骤

> 一个人如果不能时刻倾听自己的心声，就无法明智地选择人生的道路。
>
> ——美国心理学家 亚伯拉罕·马斯洛

福柯认为自我既是对象也是过程，认识自我的过程就是雕琢自我的过程。我们寻找内心深处需求的过程，也如同剥洋葱的过程，把不用的一层层剥掉，最后找到一个真正的自我（见图2-3）。

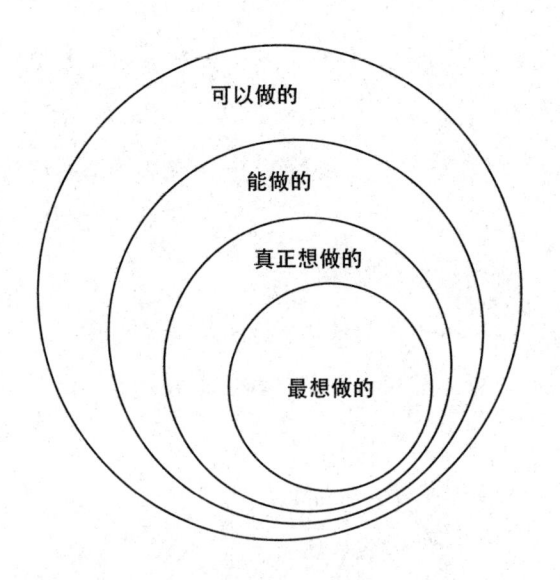

```
        可以做的

         能做的

        真正想做的

         最想做的
```

图2-3 "剥洋葱"的方法

如果问你需要什么？你可能会很轻松地列出一个长长的清单。但是，如果再仔细审视一下罗列的清单，哪些是可以做的？哪些是有能力做的？哪些是想做的？哪些是最想做的？按照"雕塑"的思维逻辑，使用"剥洋葱"的工具方法，层层剥开，就可以发现内心深处的需求。

> 思考：你需要什么？
> √将工作做到极致，体验幸福的感觉
> √好看（帅、靓），颜值正义
> √吃好喝好玩好
> √疯狂SHOPPING
> √成为职业篮球运动员
> √不计手段，追求更多财富

第1步：确定可以做的事

假设你递给我一把枪，里面有1000个弹仓、100万个弹仓，其中只有一个弹仓里有一颗子弹，你说："把枪对准你的太阳穴，扣一下扳机，你要多少钱？"我不干。你给我多少钱，我都不干。

——美国企业家 沃伦·巴菲特

> 思考：你可以做什么？
> √ 将工作做到极致，体验幸福的感觉
> √ 好看（帅、靓），颜值正义
> √ 吃好喝好玩好
> √ 疯狂SHOPPING
> √ 成为职业篮球运动员
> × 不计手段，追求更多财富

确定可以做的事，首先要确定你不能做什么，底线在哪里？底线是基础，是根本，是事物质变的分界线，是做人做事的警戒线、高压线，不可踩、更不可越。

明底线、守底线，不可以做的事情，坚决不碰，是修身正德、干事创业的必修课，可以让人安心，给予巨大力量，确保一生平安，这是生存发展的大智慧，否则，"常在河边走，早晚会湿鞋"，搬起石头砸自己的脚，导致全盘皆输。"莫伸手，伸手必被捉"。底线比目标更重要，没有底线的人不值得交往。

稻盛和夫有个著名的"人生方程式"：人生·工作的结果=思维方式×热情×能力。热情和能力很重要，思维方式更重要，因为它具有方向性。没有底线思维，方向错了，思维方式跑偏了，哪怕你才高八斗，哪怕你热情洋溢，结果不仅"抱着金饭碗没饭吃"，而且难免加害社会。

第2步：确定能做的事

你知道自己哪里不行比知道哪里行更重要，这样，你可以躲开它，少走一些弯路。

——文化学者　马未都

> 思考：你能做什么？
> √ 将工作做到极致，体验幸福的感觉
> √ 好看（帅、靓），颜值正义
> √ 吃好喝好玩好
> √ 疯狂SHOPPING
> × 成为职业篮球运动员
> × 不计手段，追求更多财富

人不仅要认识你自己，而且凡事勿过度。苏格拉底对此的阐述是，一个人如果不能反思自己，认不清自己的局限性，那就不会获得一个有价值的人生。

世界很大，人一生能干的事很少，能干成的事更会少之又少。每个人都有自己的资源禀赋，不是所有的菜都可以夹进自己的碗里，即便夹进来也不一定能吃下。古人讲，"三十而立，四十不惑"，如果一个人到了三四十岁，还不明白自己能吃几碗干饭，还不清楚能力边界在哪里，多半是"一瓶子不满，半瓶子晃荡"，不会有太大的出息。

要知道，社会本身就是所有人的组合，如果你不明白身上的弱点，一定会在某种状态下暴露，甚至会在某一个时刻被无限放大将你毁掉。想想看，你之所以没有混得出人头地，或者兵败滑铁卢，这里面固然有机会、运气等方面的因素，但更多的错误一定在自己身上，你性格的缺陷很可能是向上突破的瓶颈。

股神巴菲特说，"你不需要成为每个领域的专家，明确自己的局限，充分发挥自己的优势与长处这才是十分重要的。"

有志者事不一定竟成，多数事情通过努力是可以实现的，但是，有些事情却是无法改变的。我们每个人年轻时都曾有一些伟大的梦想，比如，要做运动员、科学家、记者等，但真正要做好一份职业，光凭一腔热情是不够的，还需要一些基本条件。从生物学角度看，人的智商、情商、身体机能很大程度上在出生的时候已经由DNA决定了。"江山易改，本性难移"，后天努力有用，但是先天先于后天、先天大于后天。如果你先天条件不适合某个领域，即使再励志，每天都看"凌晨四点的纽约"，也无法成为这个领域的顶尖人才。猪八戒再勤奋也变不成孙悟空，孙悟空再修行也变不成唐僧。尺有所短，寸有所长，人没必要硬逼着自己一定要把死路走通。

篮球是一项看身高的运动，像CBA（中国职业篮球联盟）球员的平均身高是2米01，NBA（美国职业篮球联盟）球员的平均身高也接近2米。在NBA里，历史上身高不足1米70的只有9个人（还都是上世纪90年代之前的，2000年之后一位都没有），其中最出类拔萃的斯波特韦伯身高1米68，职业生涯场均也就9.9分，跟其他身高正常的NBA球星动辄场均20多分相比，明显逊色不少。

因此，越早认识到自己的局限性越好，这样就可以在自己的职业选项中将篮球果断删除，从而释放出内存空间运行适合你做的事。

知道自己知道什么是知识，知道自己不知道什么是智慧。有勇气改变你能改变的，平静地接受你改变不了的，智者能分辨出这两者的区别，希望你能成为这样的智者，没必要非进行徒劳无功的摸索。

第3步：确定真正想做的事

围在城里的人想逃出来，城外的人想冲出去，对婚姻也罢，职业也罢，人生的愿望大都如此。

——作家　钱锺书

> 思考：你真正想做什么？
>
> √ 将工作做到极致，体验幸福的感觉
>
> √ 好看（帅、靓），颜值正义
>
> √ 吃好喝好玩好
>
> × 疯狂SHOPPING
>
> × 成为职业篮球运动员
>
> × 不计手段，追求更多财富

在想做的事情中，减去不可以做的、没有能力做的，但还有几个选项，目标仍过于分散，需要进一步聚焦。这时，你需要进一步进行思考，问问自己这一生真正想做的什么？

其实，我们有时真的不知道自己真正需要什么，也不知道什么适合自己。乔布斯深刻地指出："如果亨利·福特在发明汽车之前去做市场调研，他得到的答案一定是消费者希望得到一辆更快的马车。"

我们有时自以为是的创意性需求不过是"五颜六色的白""五彩斑斓的黑""logo放大的同时能不能缩小一点"，看似清楚明晰，别具一格，其实是没有道理，也行不通的。

我们有时的想法不过是随大流，在社会的洪流中不断裹挟前行，一次次成为被商家套路收割的"韭菜"。想一想，我们逛街Shopping时，面对商家"第二杯半价""满100送50"等促销活动，明明知道这是营销套路，却还是会买来自己并不需要的东西，闲置在家，甚至买回来用两次就扔了。尽管多次下了剁手的决心，但一看见别人抢购，还是禁不住加入人流。

第4步：确定最想做的事

一个最想清楚知道应该做什么的人，往往最容易获得其他人的服从。

——古希腊哲学家　苏格拉底

> 思考：你最想做什么？
> √ 将工作做到极致，体验幸福的感觉
> × 好看（帅、靓），颜值正义
> × 吃好喝好玩好
> × 疯狂购物
> × 成为职业篮球运动员
> × 不计手段，追求更多财富

心不想，事不成。确定什么是你最想做的事非常重要。要知道，"渴望就是力量"。你的现在，由过去最想做的事决定；你的未来，由现在最想做的事决定。

知乎上有一个关于"到底是什么决定了人一生的成就？"的话题，其中一个答案获得13万的点赞：你内心最深处的冲动、真正的欲望，决定了你到底能成为一个怎样的人。

但看一下身边的成功人士，翻一下报刊上的人物传记，我们不难发现这样的规律，1978年改革开放以来，最先富起来的一部分人，不是最优秀的，不是学问最高的，也不是最帅的，而是最想致富的人最先富起来了！

确定最想做的事，就是将真正想做的事情按重要程度进行价值排序，找出你认为最重要、最有意义的那一个，作为人生的定盘针，为此可以达到痴狂的程度，睡也想，醒也想，朝着目标奋勇前进，到达对自己有意义的彼岸。

有一个简单的方法，可以帮你确定最想做的事，你可以想象一下，如果今年是你生命的最后一年，甚至今天是生命的最后一天，你还会做什么？那么，这件事就是你最想做的事。如果你在年轻时就能找到最想做的事，那绝对是人生的一件幸事。

2.2.2 规划目标，找准职业方向

> 明白自己一生在追求什么目标非常重要，因为那就像弓箭手瞄准箭靶，我们会更有机会得到自己想要的东西。
> ——古希腊哲学家 亚里士多德

确定了最想做什么之后，就是制定目标。目标不只是看起来很好，也很有用，从自我感觉来说，可以更快乐、更幸福；从结果导向来说，可以迸发出一股洪荒之力，成为干事创业的动力源泉。

一、目标可以让人做出正确的选择

> 对于一艘没有方向的船而言，什么风都是逆风。
> ——美国经济学家 哈伯特·西蒙

瞄准靶子再打枪。设定目标就是用语言给自己一种承诺，而承诺本身会给我们带来更好的未来。只有心中有目标的人，才可能不争一时之短，但争一世之长，从而集中注意力，做到延迟满足，在正确的时间，出现在正确的地点，做出正确的选择。一个没有目标的人，往往只会对现实做出被动的回应，"饥而欲饱，寒而欲暖，劳而欲休"，而无法去创造现实，

引领时代。

2020年6月24日，在俄罗斯卫国战争胜利75周年阅兵仪式上，一名女兵不慎将鞋子踢掉了，这使得她在方阵中尤为"显眼"。无论怎么说，这应该是人生够糟的事了吧！

但是，她并没有乱了阵脚低头寻找鞋子，而是继续跟随着方阵，同其他女兵一道整齐地前进，方阵也并没有因此而乱掉。这一幕恰好被当地电视台拍摄下来。

观摩阅兵的波罗的海舰队司令亚历山大·诺萨托夫也注意到了这一情况，诺萨托夫并没有责怪她，反而高度评价了她的镇定自若与集体纪律意识。诺萨托夫说："请把这名女孩介绍给我，我会亲自奖励她。虽然她失去了鞋子，但她还是让方阵保持了整齐划一。"

相关研究发现，延迟满足比及时行乐的人感觉更幸福。这让我想起斯坦福大学沃尔特·米歇尔教授在一些幼儿园学生中做过的棉花糖实验：能忍住不吃掉第一个棉花糖、稍后获得两个棉花糖的孩子，长大后的人生更加积极，成就更多。

事实上，成人的世界和孩子的世界并没有太大的区别，只是面对的诱惑不同而已，能够抵制眼前诱惑，做长远谋划的人往往更幸福。

读过《穷查理宝典：查理·芒格的智慧箴言录》的朋友，一定知道，书里边有一条查理·芒格的警世名言，叫"祖母的规矩"，说的是吃饭的时候，你得吃完胡萝卜，才能吃那些甜点。他把祖母的规矩，作为自己投资的一种策略，总结出一条投资的黄金法则。

二、目标可以让人活得更幸福

> 有证据表明，无论何时，只要找到了某种生活目标，总会有所裨益。
>
> ——加州大学洛杉矶分校教授 斯蒂尔·科尔

人生目标对工作生活有着巨大影响，有明确目标的人因为心中有追求，心态更好，就会更好地意识到生命的价值，可以获取健康红利，更长寿，更幸福。

在对美国7000名中年人进行的调查分析发现，即使是人生目标意识的些微提升，也将导致未来14年中死亡风险的明显下降。《心理科学》文章称，研究人员分析了6000多人的数据，随访受试者14年，在此期间，大约9%的死亡。在年轻、中年人和老年人中都具有一致性结果，拥有更大的人生目标也会降低死亡的风险。

一项对9000名英国人长达50年的跟踪调查也发现，即使是将教育程度、抑郁情绪、吸烟和锻炼四个因素考虑在内，与目标意识最低的人相比较，目标意识强的人在今后十年里的死亡风险要低30%。有较强生活目标的人，心脏病风险降低27%、中风风险降低22%、阿尔兹海默症风险降低50%。另外，有较强生活目的性的人，随着年龄增长，产生睡眠障碍的可能性也要低得多。

加州大学洛杉矶分校的斯蒂尔·科尔认为，有目标的人生总能给人们带来更多的健康益处，不管你是20岁还是70岁。他说："有证据表明，无论何时，只要找到了某种生活目标，总会有所裨益。"拥有坚定的生活目标，无论从何时开始，无论年龄多大，都不会太晚，要知道，今天永远是我们生命中最年轻的一天。

三、高目标可以让人摘到更大的果子

取乎其上，得乎其中；取乎其中，得乎其下；取乎其下，则无所得矣。

——孔子

心理学中有个定律叫锚定效应，说的是当人们需要对某个事件做定量估测时，会将某些特定数值作为起始值，起始值像锚一样制约着估测值。当我们在心中给自己设定一个目标时，就成为了对这件事的定位基点，并决定着最后的结果。

星光不问赶路人，时光不负追梦人。你的梦想有多大，这个世界就有多大。将目标定得高一点的人往往得到的更多。霍华德·阿蒙森说："永远不要低估那些会高估自己的人"。

卡耐基经过研究后发现：目标高低带来的自我暗示，直接决定了我们行为能力的大小。一个人上楼梯，分别以6层和12层为目标，其疲劳状态出现的早晚是不同的。以12层为目标的人，疲劳状态出现的时间点会更晚一些。

案例：把目标挂在月亮上[①]

2020年以来，山东省蒙阴县邮政分公司坚持不惟计划惟市场，主动加压、高标定位，金融业务发展屡创新高，截至目前，本年邮储余额净增6亿多元，点均净增5000多万元，特别是一季度，在历年储蓄余额负增长的情况下，扭转"淡季困境"，11个支局自我承诺余额净增目标为临沂市邮政分公司下达计划的近3倍，最终首季度余额同比多增3.75亿元，完成临沂市分公司下达计划的308%。

"把目标挂在月亮上，掉下来也能挂在树梢上；把目标挂在树梢上，掉

---

① 据2020年8月5日《中国邮政报》新闻《激流当勇进，山高人为峰》改写。

下来就什么都没了。"这是蒙阴县分公司副总经理（主持工作）吕红玉的名言。帮助员工树立信心、剖析市场，并教会方法、固化行为，强化闭环管控，形成"市场自信、队伍自信、方法自信、目标自信"的蒙阴邮政的"四个自信"。高标准定位也成为蒙阴邮政2020年以来各项工作开展前最为重要、最具标志性的一环。统一思想、凝聚发展共识，把目标定得再高一点，就是推动该分公司创新转型、高速突破发展的重要前提。

启示：高目标更容易赢得领导的青睐。2020年9月9日，我曾有幸随中国邮政集团有限公司党组书记、董事长刘爱力到山东省蒙阴县邮政分公司调研。刘爱力董事长听完蒙阴县邮政分公司的相关情况介绍后，发表了热情洋溢的讲话，特别肯定"把目标挂在月亮上"的做法，并指出这不是盲目不切实际，不是形式主义、官僚主义，而有"嫦娥奔月"工程的雄心壮志，虽然艰巨，但切实可行，终可圆梦。

与此同出一辙的是，马斯克也有一句名言，"瞄准月亮，如果你失败，至少可以落到云彩上面。"

2.2.3 SMART——设计人生目标的工具

> 人活着要有生活的目标：一辈子的目标，一段时间的目标，一个阶段的目标，一年的目标，一个月的目标，一个星期的目标，一天一小时一分钟的目标。
>
> ——俄国作家　列夫·托尔斯泰

前面讲了目标的种种好处，那么，如何制定人生目标呢？在这里，向大家推荐一个简单有效的工具方法——SMART。SMART原本是"机智灵敏"的意思，这里是五个英文单词的首字母组合，详见图2-4所示：

- 具体的（Specific）
- 可衡量的（Measurable）
- 可达成的（Achievable）
- 相关的（Relevant）
- 有完成期限的（Time-bound）

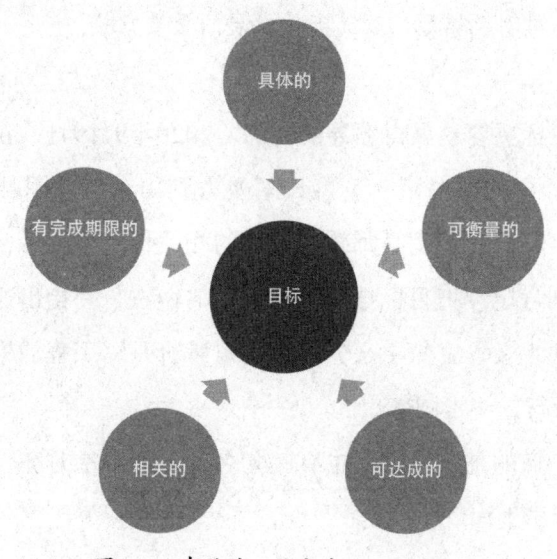

图2-4　有效的工具方法——SMART

一、具体的（Specific）：目标越具体越好

世界再大，也大不过一盘西红柿炒鸡蛋。

——招商银行公益广告片

具体化，是一种工作要求，也是一种思想方法和工作方法。

三毛说："爱情，如果不落实到穿衣、吃饭、数钱、睡觉这些实实在在的生活里去，是不容易天长地久的；所以，那个洗碗的男人很帅，那个拖地的女人也很美，这样的家庭才是和谐的。"

不论是干革命，还是搞建设，抑或是居家过日子，都不能是抽象的，而必须是具体的。我们制定人生目标也是如此，不能是空洞的、虚无的，"世界再大，大不过一盘西红柿炒鸡蛋"。要用具体的语言清楚地说明要达成的行为标准，想要完成什么目标。越具体越有利于执行，执行效果也要越好。

举例说明如下：

× 新年我们要切实防范企业经营风险。

√ 新年我们通过夯实业务管理、风险合规、内审监察"三道防线"，落实20项风险管控举措，健全风险治理体系。

二、可衡量的（Measurable）：目标完成度要可衡量

　　凡是精细的管理，一定是标准化的管理，一定要经过严格的程序化的管理。科学管理就是力图使每一个管理环节数据化。

——《细节决定成败》作者　汪中求

"权，然后知轻重；度，然后知长短。物皆然，心为甚。"可衡量的是指应该有一组明确的数据，作为衡量是否达成目标的依据，有即时的反馈，就是你怎么知道你的目标完成了？

研究表明，玩电子游戏之所以上瘾，一个重要的原因是有即时反馈。杀怪就能获得经验值，完成任务就有金币奖励，过关就能有鲜花掌声，并能第一时间通过可视化的数据显示出来，让玩电子游戏者有一种可控感、成就感。

举例说明如下：

× 新的一年，我们将努力提高服务水平。

√ 新的一年，我们要确保客户满意度达到85分以上。

三、可达成的（Achievable）：通过努力可以实现

　　人最大的痛苦，就是自己的能力配不上野心。

——现代思想家　胡适

个人目标制定要切合实际，目标挑战难度要适中，适合的就是最好的。合理的目标设定、适当的憧憬未来，才会激起我们前进的动力。

目标过低，没有任何挑战性，实现起来轻而易举，不费吹灰之力，唾手可得，无法激发潜力，就是达成目标也感觉不过瘾。

目标过高，欲速则不达，心急吃不了热豆腐，理想就可能成了空想。同时，"才华配不上梦想，能力配不上野心"，也会导致动力不足，容易产生挫折、失败和痛苦。比如"大跃进"期间，提出一系列不切实际的任务指标，"人有多大胆，地有多大产"，就造成了国民经济比例严重失调，使社会主义建设事业受到重大损失。

在目标制定过程中，我们要把控的一个原则就是：不能太高也不能太低，应在难度过大和过易之间找到最佳平衡点，把灵魂安放在这个位置，这样可以得到更多幸福。当然如果你有幸智慧过人，性格热情外向，定个远大目标，自然是再好不过的事。

举例说明如下：

× 我要买张彩票。

× 我要彩票中大奖。

√ 我要职级晋升一级。

四、相关的（Relevant）：选择对个人成长重要的目标去实现

> 生命只有和民族的命运融合在一起才有价值；离开民族大业的个人追求，总是渺小的。
>
> ——国学大师　季羡林

实现此目标与总目标和其他目标的关联情况，这个目标是不是值得你花时间去做的？一些毫无意义、八竿子打不着的目标就没必要浪费时间了。

举例说明如下：

× 我每周要打一小时手机游戏，完成游戏晋级。

√ 我要把游戏时间换成阅读时间，每年阅读专业书籍50本、文学作品20本。

为了让你的人生小目标更有意义，在考虑个人目标时，不能总想"小我"的患得患失，要站在更高层面思考问题，想一些"大我"的家国情怀，将个人目标与团队目标、社会目标、国家目标融合在一起，顺应时代趋势，形成同频共振。这样才更有价值，可以爆发出不可想象的能量。

举例说明如下：

× 来时的火车票谁给报了？

√ 我要将工作中所学所思所得写成一本理论性的专著。

五、有完成期限的（Time-bound）：实现目标一定要有期限

没有截止日期的"目标"都是耍流氓。

——佚名

帕金森定律告诉我们：工作会蔓延到我们允许它蔓延的时间。简单地说，如果你给自己一个月来准备展示，那么你就会花整整一个月的时间完成这个任务，但如果只有一个星期的时间，你就会在更短的时间里做出一样的东西。

目标是有时间限制的，必须具有明确的截止期限。我们需要切实可行地给自己安排一个目标时限，确保按照计划执行，要避免前松后紧，前闲后忙，在考试验收的最后一个晚上，通宵达旦，加班熬夜。举例说明如下：

× 我要考上MBA。

√ 2022年我要考上清华大学MBA。

2.2.4 实现目标的技巧：划整为零

积小胜为大胜，以空间换取时间。

——军事理论家 蒋百里

人生好比一次很长的旅途，无法一口吃个胖子，有远大的目标是好事，但是，再大的目标也要一步步来实现，我们需要保持最佳的时间观念，划整为零，划分段落，确定一个长期、中期和短期相结合的目标，积跬步致千里，积小胜为大胜。

一、一口吃不成胖子，人的目标是慢慢长大的

我小时候成绩不好，当兵也不是优秀的兵。从小就想做伟大领袖，一创业就想做世界第一，这不符合实际。人一成功后，容易被媒体包装他的伟大，它没看到我们鼠窜的样子。

——任正非

从人的角度来考虑，人的目标是变化的，是渐进的，是慢慢长大的。一开始由于视野所限，目标一般比较低，但是，随着视野的拓宽和经历的丰富，目标也会水涨船高。

网易公司创始人兼CEO丁磊说："创办网易的时候，我只是想做一个小老板，我从来没有一个远大的理想，从来没有想要成为一个很有钱的人。那时的理想就是，有个房子有辆汽车，不用准时上班可以睡懒觉，有钱可以出去旅游。千万不要以为我当时抱着一个伟大的理想去创办一个伟大的公司，绝对没有这个想法。"

二、确定一个长期、中期和短期相结合的目标

把眼光放得太远是不大可能的——甚至不是特别有效。一般来说，一项计划的时间跨度如果超过了18个月，就很难做到明确和具体。

——现代管理学之父　彼得·德鲁克

某天，一个心理学家做了这样一个实验：他组织三组人，让他们分别向着10公里以外的三个村子进发。

第一组的人既不知道村庄的名字，也不知道路程有多远，只告诉他们跟着向导走就行了。刚走出两三公里，就开始有人叫苦；走到一半的时候，有人几乎愤怒了，他们抱怨为什么要走这么远，何时才能走到头，有人甚至坐在路边不愿走了；越往后，他们的情绪就越低落。

第二组的人知道村庄的名字和路程有多远，但路边没有里程碑，只能凭经验来估计行程的时间和距离。走到一半的时候，大多数人想知道已经走了多远，比较有经验的人说："大概走了一半的路程。"于是，大家又簇拥着继续往前走；当走到全程的四分之三的时候，大家情绪开始低落，觉得疲惫不堪，而路程似乎还有很长；当有人说："快到了，快到了！"大家又振作起来，加快了行进的步伐。

第三组的人不仅知道村子的名字、路程，而且公路旁每一公里都有一块里程碑。人们边走边看里程碑，每缩短一公里大家便有一小阵的快乐，每到一个整数公里处就简单休息一下，然后继续前进，这样，大家情绪一直很高涨，所以快乐地到达了目的地。

这个实验告诉我们，在做事过程中，如果明确知道终极目标（到达村子）、阶段性目标（整数公里处）、小目标（每一公里）的话，将有助于在旅途中保持情绪高涨，更容易达成目标。

这让我想到在高速公路上开车时，我们会不断看到清晰直观的交通指示

牌，提示距离目的地还有多远，到达途经地还有多远，距离最近的服务区还有多远。相关研究也表明，这样的设计让行人心理感觉最好，赶路最快，同时，还能有效降低发生交通事故和堵塞的几率，这也是公路路标和里程碑设置的科学依据所在。

人生好比一次很长的旅途，需要确定一个长期、中期和短期相结合的目标。一般来说，长期目标可以是相对模糊的，用任正非的话就是"方向大致正确"。试图一劳永逸地制定一个长期有效的目标基本是不可能的，往往徒劳无功。但是，从长期目标到中期目标，再到短期目标，则要变得越来越具体，越来越具有可操作性、可实现性。草鞋没样，越打越像。人生长期目标往往是在做好今天和明天，在不断达成一个个小目标中实现的。

2019年第10期《求是》杂志上刊登了一篇标题为《乡镇企业改革发展的先行者——鲁冠球》，介绍万向集团公司董事局原主席鲁冠球的一生，也讲述了他的目标在事业发展中水涨船高的过程。他始终听党话、跟党走，把党的方针政策落实到企业经营发展之中。他说，万向创立之前，让家人过上好日子，是他的动力；万向创立之后，带领更多人过上好日子，是他的责任；加入党组织后，共同富裕成了他毕生的信念。在一个目标实现之后要快速地确定另一个奋斗目标，这也是成为成功人士所必备的一种能力和觉悟。

2.3　我应该是谁？当好自己人生的CEO

> 执行人生蓝图时，做自己人生的CEO，一定要学会给自己发年薪。
>
> ——《人生效率手册》作者　张萌

一个人就像一个企业，我们每个人都是自己人生的CEO，需要统筹资源，实现持续成长，努力成就最好的自己。

2.3.1　适度留白，给自己留出思考的时间

> 人类的最高理想应该是人人能有闲暇，于必须的工作之余还能有闲暇去做人，有闲暇去做人的工作，去享受人的生活。我们应该希望人人都能属于"有闲阶级"。有闲阶级如能普及于全人类，那便不复是罪恶。人在有闲的时候才最像是一个人。手脚相当闲，头脑才能相当地忙起来。
>
> ——现当代文学家　梁实秋

留白原意是指书画艺术创作中为使整个作品画面、章法更为协调精美而有意留下相应的空白，留有想象的空间，是中国艺术作品创作中常用的一种手法。艺术大师往往都是留白的大师，方寸之地亦显天地之宽。

南宋马远的山水画《寒江独钓图》（见图2-5），只见一幅画中，一只小舟，一个渔翁在垂钓，船旁以淡墨寥寥数笔勾出水纹，四周都是空白。画

家画得很少，但画面并不空，反而令人觉得江水浩渺，寒气逼人，还有一种语言难以表述的意趣，令人思之不尽，耐人寻味。这种以无胜有的留白艺术，具有很高的审美价值，给人以无穷的想象空间。

图2-5 寒江独钓图

现在留白作为一个流行词语，其外延和内涵不断拓展，并作为一种普适性的工作方法，用以指导如何进行城市规划、广告宣传、人生发展规划等。

1. 越来越多的城市开始重视在城市建设中"留白"，将城市建设的重点由哪些地方可以建转变为哪些地方不可以建。

2018年6月，北京城市副中心（通州）详规草案征求意见，一改往常城市建设密密麻麻全部建满的传统打法，在寸土寸金的位置，首次划定约9平方公里战略留白地区，为城市后续发展预留空间。其着眼点就在于提升规划建设管理水平，通过划定战略留白地区，为城市发展预留弹性空间，避免出现重大结构性问题。

2. 留白还可以用来指导我们如何有效进行广告宣传，更好地吸引人的眼球。

在广告宣传中有这样一条定律：空白增加一倍，注目率增加0.7倍。字越少，越能吸引人的眼球；字越多，越没人看。

3. 我们忙碌的人生，也需要适度留白。

著名历史学家傅斯年说："一天只有21个小时，剩下3个小时是用来沉思的。"

会做事、能成事的状态应该是适度留白，对不重要的事情毫不犹豫地予以"断舍离"，给自己留出空间，用于思考和决定真正重要的东西。要知道，人的基本能力就三种，那就是思考力、表达力和行动力。思考力是第一位的，是万力之源。没有思考力，就没有表达力和行动力。

"心之官则思，思则得之，不思则不得也"。当冷静思考的那一刻，一个人才是清醒的。只有想得深刻，看得明白，才可以确保有充足的元气，去踏好迈向更远处的脚步，实现工作生活的持续精进提升。

有些人以忙碌为由拒绝思考，理由显然不充分。正确的打开方法是：越是忙碌，越要找时间思考。忙碌多数时候不是因为工作真的需要没完没了地加班，"两眼一睁，忙到熄灯"，而是因为没有发现优化改进的机会，一直以低效的方式在做事情。

作为管理人员尤其是领导干部更是需要适度留白。有一种观点认为停止工作才开始真正领导。领导是"头"，必须思考问题，必须善于琢磨事情，也是最需要思考的那部分人。因为领导不是劳模，一直忙碌容易让人产生决策疲劳。只有放慢时间，心静下来，深度思考才有可能。

拿破仑说："领导就是当你身边的人忙得发疯，又或者变得歇斯底里的时候，你仍然能沉着和正常地工作。"

"君闲臣忙国必兴，君忙臣闲国必衰。"一个组织的最高领导者的忙碌程度与组织风险成正比。当领导者忙于事务性工作不能自拔时，电话此起彼伏，像个接线员一样忙个不停，必然无暇顾及大事要事，这样的领导肯定没有希望，这样的组织也没有前途。

任正非旗帜鲜明地反对高级干部埋头苦干，他多次强调："给我一杯咖啡，我就可以统治世界。""高级干部要少干点活儿，多喝点咖啡。视野是很重要的，不能只知道关在家里埋头苦干。高级干部与专家要多参加国际（大型）会议，与人碰撞，不知道什么时候就擦出火花，回来写个心得，也许就点燃了熊熊大火让别人成功了。"

2.3.2 摆好角色定位，才能演出好戏

> 君子素其位而行，不愿乎其外。素富贵，行乎富贵；素贫贱，行乎贫贱；素夷狄，行乎夷狄；素患难，行乎患难。君子无入而不自得焉。
>
> ——《礼记·中庸》

世界是大舞台，每个人都是舞台上的演员。在世界这个大舞台上，只有找准角色定位，做出与所担当角色相匹配的言行举止、心理活动，才能演出好戏，博得观众满堂喝彩。

一、定位不对，一切白费

> 公爵不能抢了国王的风头。
>
> ——英国剧作家　莎士比亚

设想这样一个场景：一个妈妈正大声责备儿子："你这个熊孩子，怎么又玩电子游戏了？作业做了吗？钢琴弹了吗？房间打扫了吗？你这熊孩子咋这么不听话，啥时能让人省心呢？"这是扮演望子成龙、暴躁易怒的妈妈角色。

可是忽然电话铃响了，妈妈接起电话，立刻满脸堆笑地说："王总呀，我们随时恭候您大驾光临……您放心，我们保证完成任务！"这是扮演追求上进、天天向上的职场女性形象。

星星还是那个星星，月亮还是那个月亮。同样一个人，在不同的场景下，表现迥然不同，这不是她的个性，而是她所处的角色不同使然。

人生的路有千万条，关键是要找准自己的角色定位，到什么山上唱什么

歌。能不能找到正确的角色定位，是衡量一个人是否入戏的基础和前提。主演就应该稳站"C位"，出尽风头，配角就应该甘当绿叶，烘云托月。大家各就各位，各司其职，才会各得其所，其乐融融。

历史上不乏地位显赫的大人物，但因角色定位不对遭致上司忌恨，甚至带来灭顶之灾。

战功赫赫的年羹尧之所以招致杀身之祸，就是因为他角色定位不对，恃功自傲，目无一切，不仅不把其他朝臣放在眼里，就是连雍正皇帝也敢有大不敬行为，最后被削官夺爵，列大罪九十二条，雍正四年被赐自尽。

电视连续剧《雍正王朝》中有这样一幕让人印象深刻：年羹尧立了战功，凯旋归来，雍正皇帝召见第一等战功的将军们时，体恤地说，"天气热，你们都是百立战功的人啊，在这儿都不要拘谨了，来，卸甲，大家凉快凉快。"哪知这些将军们竟然没有赶紧谢皇上隆恩，而是大眼看小眼，面面相觑，相继看年羹尧的脸色。直到年羹尧淡定地说了一句："既然皇帝让你们卸甲，你们就卸吧。"这些将军们才异口同声地齐喊"嘛"，并遵照年羹尧的指示相继脱下了盔甲。

看此情景，雍正皇帝虽表面镇静，并设庆功宴盛情款待年羹尧，但是，年羹尧"只知有军令，不知有皇上"的训兵模式，已经严重触犯了雍正皇帝的心理底线，为后来的杀身之祸埋下了伏笔。

在大是大非面前摆正角色位置，做一个政治上的明白人，这自然非同小可。工作生活中一些看似不起眼的普通场合，找准自己的坐标同样也很重要。

一个朋友说起他们公司空降一个总经理，要学历有学历，要才华有才华，要颜值有颜值，但是，大家却认为这个总经理和公司氛围格格不入。公司董事会选择他，是想让他通过自己的学识和能力提升公司的管理水平，但他上任后却始终没有找到自己的角色定位。他经常会盛气凌人地说："不就是因为你们不行才让我来吗？这件事就听我的。"他将自己置身于团队之外，和公司领导团队形成对立，结果当然是可想而知，董事会最后发现，他在这个位置上是不称职的，不但没有提升公司的管理水平，还让公司陷入管理混乱的局面，继而免去他的职务。这位总经理自始至终也没有认识到，自己的定位到底出了什么问题？他理解总经理就是凌驾于别人之上下命令，却不能认识到总经理只有和大家风雨同舟，才能让公司上下团结一心，将公司做大做强。

二、我找到"北"了

在祖国的最北端——黑龙江大兴安岭地区漠河县北极村，有一个很有意思的景点是各种"找北"，沿途可以看到很多的"北"字，有的写在树上，有的刻在石头上……很多驴友特别喜欢和"北"字合影，寓意是"我找到北了"，看清了人生方向。

找到"北"就是到什么山上唱什么歌。一个运作良好的组织，每个人都有自己的一亩三分地，大家各自管好自己的门，看好自己的人，做好自己的事。

一般来说，职级越高，发出的管理信息就应该越抽象，越宏观；职级越低，发出的信息就应该越具体，越微观。

斯坦福商学院组织行为学助理教授尼尔·哈勒维教授和以色列巴伊兰大学心理学教授亚伊尔·伯森研究后发现，级别与下属接近的领导者下达的具体行动指令，以及级别与下属较远的领导者发出的抽象信息会让人们更投入，也更愿意付诸行动。反之也一样，也就是说，如果级别差异较大的领导者发出过于细化的具体指令，或者当直接上级传达抽象信息时，员工的投入程度和积极性都会更低。

如果高层级的管理者总做出一些具体、微观的指令，事必躬亲、事无巨细，结果可能是自己每天忙忙碌碌，但效果平平，还可能滋生懒政现象，上面拨一拨，下面动一动。有副董事长办公室门口的对联说得很形象、很到位，"董事长，做销售，公司排名更落后；一把手，做市场，企业总是不成长。横批是自我突破"。

有一种管理错位现象叫比"外行领导内行"还糟糕的是"内行领导内行"，说的是有些管理者自以为是，以专家自居，还事无巨细，让下属完全没有施展才华的空间。

有一个单位的总经理是财务总监提拔上来的，应该说对财务很熟，这本是好事。但是，他当上了总经理后，没有按照新职务职责要求完成角色转换，仍然按照财务总监的思维去做事，他管得很细，细到每一笔财务费用要计哪个成本科目都要批注意见。最后，财务总监和会计变得越来越懒得思考，什么事都听总经理的，而总经理因为"种了别人的田，荒了自己的地"，该负责的全局工作却一团糟，整个公司上下也因此变得忙乱不堪。

这个案例让我想起德鲁克的一句话："最悲哀的，莫过于用最高效的方式去做错误的事情了""一个在10年甚至15年间都很称职的人，为什么突然之间变得不胜任工作呢？我所见过的事例，几乎都犯了我70年前在伦敦那家银行里所犯的错误——他们走上了新的岗位，做的却仍然是在老岗位上让他们得到提拔的那些事情。因此，他们并不是真正不能胜任工作，而是因为做的事情是错的。"

管理者应该把下属能做的事，全部交给下属，一件也不要做，即使下属做得不完美也在所不惜。这样可以有两方面好处：一是给自己留余地，行不至绝，言不极端，进可攻，退可守，为下一步行动留出了充足空间；二是给别人留余地,"走别人的路,让别人无路可走"的下场是自己也将无路可走。

还有一种错位现象是低层级的管理者,甚至是基层员工喜欢"指点江山,激扬文字",热衷于探讨战略和哲学。这样的主人翁精神虽然可嘉,但是,结果往往事与愿违,非但不能升级加薪,甚至连晚餐加个鸡腿也得不到。

一个优秀的管理者应该懂得做好与其身份相匹配的事情。据中新社报道,2016年3月7日,有记者提问如何看待资本市场起落,曾任证监会主席的山东省长郭树清回应说,现在基本不再关心股市。他紧接着补充说:"如果你要说股价我肯定不知道,但是你要问我萝卜白菜价格,我肯定知道。现在我最关心的是玉米的价格,现在玉米积压卖不出去。"在其位谋其政,这是最好的印证。

2.3.3 发挥性格优势,做最好的自己

> 美好的生活来自每一天都应用你的突出优势,有意义的生活还要加上一个条件——将这些优势用于增加知识、力量和美德上。这样的生活一定是孕育着有意义的生活,如果神是生命的终点,那么这种生活必定是神圣的。
>
> ——美国心理学家 马丁·塞利格曼

唯大英雄能本色,是真名士自风流。发挥性格优势,做最好的自己,就是懂得自己的欲望,主动选择自己想过的生活,让生命的活力得以更美妙地舒展,这样,"每个人都了不起"。

在2016年10月16日举行的神舟十一号载人飞行任务航天员与记者见面会上,航天员景海鹏在回答媒体"您觉得这么多年来有没有变化?如果有,最大的变化是什么?"提问时,坚定地答道,**面对每次任务,我都能够从零做**

起，而且能够全力以赴准备，做最好的自己，这是不变的。

MPS职业模型告诉我们，做最好的自己，除了做的事情有意义（Meaning）、感觉很快乐（Pleasure）外，还要能够发挥自我性格优势（Strength）。尽早找到三者之间的交集，作为付出行动的突破口和着力点，这是成就最好的自己的关键和基础。而且越早找到清晰的交集，对人生发展来说就越有利（见图2-6）。

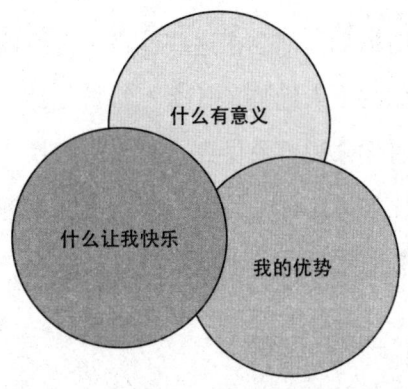

图2-6　MPS职业模型

如果你足够幸运，能够加盟到一个注重员工职业生涯规划的单位，可以根据个人特点和岗位需求，进行岗位流动，做自己喜欢、感觉有意义，而且擅长的工作，那是最好不过的事。

塞利格曼认为，幸福感来自于自己的优势与美德，通过自己努力获得的幸福才会有真正的幸福感受。优势和美德是积极的人格特质，它会带来积极的感受和满足感。生命最大的成功在于建立及发挥你的优势。

他与积极心理学家克里斯托弗·彼得森组织了一个小组，制定了VIA性格力量分类手册，旨在为发展青年的积极性格提供有效途径。在这个VIA计划里，他们归纳出六类放之四海而皆准的美德：

第一类是智慧和知识的力量——创造性、好奇心、热爱学习、思想开放、洞察力。

第二类是意志力量——诚实、负责、勇敢、坚持、热情

第三类是人道主义的力量——善良、爱、社会智慧

第四类是公正的力量——正直、领导力、团队合作精神

第五类是节制的力量——原谅、同情、谦逊、审慎、自我调节（自律、控制欲望和情绪）。

第六类是卓越的力量——对美和优点的欣赏、感激、希望、幽默、虔诚及灵性。

做为成年人，我们每个人都会在这些性格中有所偏重，而找到自己的标志性性格特征，思考你的个人优势是什么？特长是什么？通常来说，你个人的优势和擅长是那些对你来说容易做到、进步得很快，或者很容易就有耐心坚持到最后的事情。比如说：你才练了一年钢琴，就考了四级，这表明钢琴是可以发挥你性格优势的项目，"上天赏你这口饭吃"。优势越多说明你可选择的机会也就越多。

第三章
CHAPTER 03

支柱1：培养积极情绪，以饱满热情化解压力

积极的心态像太阳，照到哪里哪里亮；消极的心态像月亮，初一十五不一样，照到哪里哪里凉。

——佚名

世界上所有事情成功与否，就是由这两种不同心态决定的。有什么样的心态，就会有什么样的思维行为方式，同样也会得到两种截然不同的价值回报。

3.1 让我们一起来认识积极情绪

> 积极情绪就是当事情进展顺利时，你想微笑时产生的那种好的感受。
>
> ——英国哲学家 罗素

积极情绪即正性情绪或具有正效价的情绪，是个体对待自身、他人或事物的积极、正向、稳定的心理倾向，它是一种良性、建设性的心理准备状态。

3.1.1 好运总是偏爱有积极情绪的人

> 凡事往好处想，往好处做，必会得到好结果。
>
> ——北京大学教授 陈春花

好运总是偏爱有积极情绪的人，这种不偏不倚的巧合恰如张爱玲说的，"于千万年之中，时间的无涯的荒野里，没有早一步，也没有晚一步，刚巧赶上了"。

一、积极情绪的十种形式

心态若改变，态度跟着改变；态度改变，习惯跟着改变；习惯改变，性格跟着改变；性格改变，人生就跟着改变。

——美国心理学家　亚伯拉罕·马斯洛

美国心理学家芭芭拉·弗雷德里克森教授认为，让人生机勃勃的积极情绪主要有十种，以出现的相对频率排顺序，依次为喜悦、感激、宁静、兴趣、希望、自豪、逗趣、激励、敬佩和爱。

1. 喜悦

当我们感受到喜悦时，我们一般处于这样的情形下：一切按照预定的方式发展，结果符合我们的期待，甚至超出我们的预期。人逢喜事精神爽，月到中秋分外明。喜悦是一种轻快而明亮的感觉，当我们感到喜悦，我们会感到浑身轻松，甚至周围的事物看起来也更生动、顺眼，我们可能会想加入他人的谈话，对接下来的事跃跃欲试。

2. 感激

当我们意识到他人对我们的付出，我们会体验到感激。比如吃完饭后，伴侣主动承担了洗碗的工作；在你困难时有人援手相助等。感激的对象不一定是人，也可能是某种事物带给了我们益处。当我们赞赏人、事、物的可贵，感激就出现了。感激会带给我们"想要付出回报"的冲动，我们会希望对帮助过自己的人做点好事，也可能会想通过帮助其他人来把自己受过的恩惠传递出去。

3. 宁静

非淡泊无以明志，非宁静无以致远。宁静是一种绵柔、低调、放松版本的喜悦，通常发生在感觉身处安全而美好的环境中。是在经过了漫长的一天，放下手中工作时长叹一口气的感觉；是手里拿着书阅读，腿上还窝了一只猫时的感觉；是早上醒来，听见风拂过树叶发出响声，而被窝温暖舒适时的感觉。宁静会让人们更加沉浸在当下,品味当前的感受。

4. 兴趣

兴趣是我们在安全的环境中,被一些新颖的人、事、物吸引了注意力时感受到的情绪。我们会被兴趣牵引着,去探索、尝试,去消除神秘,了解更多。兴趣可能出现在我们回家的路上,当我们发现有一家新的饭店开业,我们想试试看它的味道;当我们阅读一本充满了新观点的书时,我们也会大感兴趣,和脑子里的储存知识作比照……

5. 希望

相比平淡的日常,往往在事情发展对我们不利或者存在不确定性时,我们更容易感受到希望。希望的核心是我们相信事情能好转、好事有可能发生的信念和愿望。即使找工作不顺利、考试失手、身体检查发现了异样,希望仍然让我们隐隐相信:不论现在如何,事情变好的可能性是存在的。

6. 自豪

自豪随着成就而绽放。你投入努力,并取得成功。这是一种完成一项房屋装修带给你的良好感觉,或者是当你在学校或工作中实现了什么时的感觉,又或者是当你意识到,你的帮助和友善的指导对某个人产生了重要影响时的感觉。

7. 逗趣

由衷的逗趣带来抑制不住的冲动,使你想要发笑并与他人分享你的快乐。分享的笑声表明,你发现目前是安全和轻松的,并且想利用这个得天独厚的时机来与他人建立联系。

8. 激励

有时,你无意中发现了真正的卓越。目睹人性最好的一面能够启发和振奋你。激励能集中你的注意力、温暖你的心,并吸引你更加进入状态。激励不只是感觉很好,它让你想表达什么是好的,并亲自去做好事。它让你产生做到最好的冲动,让你可以达到更高的境界。

9. 敬畏

它与激励的关系密切,它在你大规模地邂逅善举时产生。你被伟大彻底征服了。相比之下,你感觉渺小和谦卑。敬佩令你停在自己的轨道上。你一时间动弹不得。界限逐渐消失,你感觉你是一个比自己更大的东西的一部分。

10. 爱

爱之所以被称作是一件多彩的事物,是有道理的。它不是一种单一的积极情绪,而是上述的所有,包括喜悦、感激、宁静、兴趣、希望、自豪、逗趣、激励和敬佩。将这些积极情绪转变为爱的,是它们的情境。当这些良好的感觉与一种安全且往往是亲密的关系相联系,扰动心灵时,我们称为爱。

二、理想的情绪配方——积极情绪:消极情绪=17:6

假若生活中你得到的总是阳光,你早就成沙漠了。

——阿拉伯谚语

人们普遍更肯定积极情绪,想更开心、愉悦和舒适——这本身是正常的。然而积极情绪太高的话,也会出现很多的问题。比如,积极情绪高的人给人一种打了鸡血的感觉,让人受不了这种着魔的感觉;个人太过积极一段时间之后,也会明显感觉后力不足,不可持续;再有就是,一个太过积极的人,可能会对自身存在的问题视而不见,错过及时解决问题的最佳时机。因此,积极情绪不是越多越好,而是要在一定范围内增加。

同样,消极情绪也有它积极的一面,它可以让人精力集中、冷静思考、更加谨慎,缺失了消极情绪,人会变得轻狂、不踏实、不现实。在面对困境时的本能反应、对于未来不确定的焦虑等适度的消极情绪,反而有利于综合处理各种信息,可以保护我们更好地生存下去。

塞利格曼的研究还发现,悲观的法学院学生表现比乐观的好,尤其是在传统的学业评价方面，例如学业成绩总平均分和投稿法律期刊的采用率等。所以，对律师来说，悲观反而是个优点，因为他们把问题看成永久的、普遍的，所以会很谨慎小心地处理它。谨慎的态度会使律师考虑各种可能性，他能预期所有可能发生的问题，因此能帮他的当事人更全面地准备各种应诉文件，成功率就会高。

心理学者洛萨达的研究结论表明，不管是团队还是个人，当积极情绪和消极情绪的比例大于2.9013（积极：消极=17:6）时，团队或者个人就会积极向上，反之，则会比较消极低沉。无论是在工作、婚姻、生活中都是如此。但是，这个比例也不宜过大，物极必反永远是真理。例如积极情绪和消极情绪的比例达到了17.6：0.4的时候，人反而开始消极。

存在即合理，一切情绪皆有其生存意义，积极情绪和消极情绪都是我们成长过程中的养料。刻意地维持某一种状态不仅消耗大量的能量，而且可能会带来风险。我们每个人都如一株树苗，积极情绪为我们洒下阳光和雨露，消极情绪带来狂风和暴雨。没有了积极情绪，我们会很快枯萎凋零，而没有适当的消极情绪，我们也会不堪一击，成为温室里的盆栽。

主持人汪涵说："人生的趣味，是在你人生不断向前行走的过程当中，所获取的所有的情绪。有悲伤，有喜悦，有愤怒，有平静，所有东西加在一起，那才叫趣味。一直都高兴，多无趣啊，一直都悲伤，那也无趣。就像心脏一样，它一定要搏动。"

获取和调整情绪是我们与生俱来的天赋，我们可以通过自己的努力，实现欣欣向荣的美好未来。我们不是要一味地增加我们的积极情绪，也不是要消除消极情绪。而是在一定范围内，让积极情绪和消极情绪两者和谐共存。即允许消极情绪的存在，也允许积极情绪，在这两者之间寻求一种平衡，创造出属于你的一个平衡点。这也是情绪管理一个更高的层次，实现两者的和谐共存。

3.1.2　成为英雄的四个核心内涵

在我心中，曾经有一个梦，要用歌声让你忘了所有的痛，灿烂星空，谁是真的英雄。

——《真心英雄》歌词

美国管理学家费雷德·卢桑斯（Fred Luthans）认为，心理资本是企业除了经济、人力、社会三大资本之外的第四大资本。他认为高心理资本象征一个人内心是强大、勇敢、智慧的，主要有四个核心内涵：希望（Hope）、自我效能（Efficacy）、韧性（Resiliency）、乐观（Optimism），刚巧这四个单词的首字母组合就是"HERO"。

一、希望（Hope）：梦想不灭，绝不放弃

明天又是新的一天。

——《乱世佳人》作者　玛格丽特·米切尔

希望指的是在面对目标时的意志和途径，你是否愿意花数小时，甚至数月坚持不懈，直到完成决心要做到的事情。简单地说就是"永远相信美好的事物即将发生"。

·"身在黑暗，心怀光明。"即使在至暗时刻，坚信一直向着光奔跑，总会有那一束光透进来，照亮新的征程。"没有过不去的冬天，也没有到不了的春天"。不管现在多么不堪，未来一定会好起来的，总有办法能解决问题。

·犹如心灵中的甘泉，滋养着人生。一个人最好的状态莫过于眼里写满了故事，脸上却看不见风霜，永远洋溢着阳光。

- "飘风不终朝，骤雨不终日"。满怀希望的人面临种种困难，始终相信终有一天会变好，而且会越来越好，因此绝不轻易言败。
- 坚持既定目标，必要时重新确定迈向目标的路径（满怀希望）以便获得成功。山再高，往上攀，总能登顶；路再长，走下去，总能到达。
- 领导者是强大心力的代表，尤其是在应对风高浪急的变化中，要做到处变不惊、行稳致远，让团队看到希望，像灯塔一样，引领团队走出困境。

二、自我效能（Efficacy）：相信自己，追求理想

先相信自己，然后别人才会相信你。

——法国思想家、文学家　罗曼·罗兰

自我效能指是否相信自己，是否相信自己拥有那些能够让你成功的东西。这是自我认知的重要环节，也是实现自我管理的重要途径。
- 富有自信，认为自己能够面对一切，敢于把自己的内在世界展示出来，并采取和付诸必要的行动努力去实现挑战性任务。
- 提供自信，是一种精神动力，可以不断地自我激励，自己跟自己较劲，不用扬鞭自奋蹄。
- 相信自己为公司、组织和团队制定的发展目标和措施，相信自己的能力。人只有在自己真心相信的时候，才可以求得结果，最大限度地接近理想。

三、韧性（Resiliency）：能跌到多深的谷底，就能爬到多高的山峰

衡量一个人成功的标志，不是看他登到顶峰的高度，而是看他跌到低谷的反弹力。

——美国军事家　巴顿

韧性，对于那些总是处于高度挑战的人群来说极端重要。在积极心理学

的视角里，韧性不再是少数幸运者的特权，而成为一种属于普通人的"日常生活魔力"。同时还是一种"可开发的能力"，它能使人从逆境、冲突，以及失败中快速回弹和恢复过来。

·没有过不去的火焰山。当遭遇逆境或困难，能坚持不懈，从哪里跌倒就从哪里爬起来，而且可以迅速恢复活力甚至超越以往，愈挫愈勇，获取成功。成败与否，不在当下，往往需要历史的确认。

·是一种精神胜利的法宝。"男人可以被毁灭，但不会被击败"。要战胜困难，先战胜自己。"一壶浊酒喜相逢，古今多少事，都付笑谈中。"放在人生的历史长河中，无论当前经历多么不堪，将来回首往事，都不过是简短到只有数页的一个章节，乃至是趣事一桩。

·拿得起、放得下。得意忘形是不折不扣的贬义词，但比此更可怕的是失意忘形，习得性无助。要像曹操煮酒论英雄时说的那样，能大能小，能升能隐，"大则兴云吐雾，小则隐介藏形；升则飞腾于宇宙之间，隐则潜伏于波涛之内"。

四、乐观（Optimism）：不管风吹浪打，胜似闲庭信步

生活在同一片天空下，抬头向上仰望，有的人看到的是闪耀的星星，有的人看到的是漆黑的夜空。

——佚名

乐观代表一种从自律、剖析过去、权变计划与未雨绸缪中获得经验的现实能力，不应该只是一种自我陶醉，或者不切实际的自我膨胀。

·采用独特的解释事物的风格，对现实和将来的成功做积极归因，会将成功归因为自己的人格特质，所以成功是永久的，而且乐观的人会因此认为自己各方面都很棒。当成功时，会继续努力，宜将剩勇追穷寇，最终获得全面的胜利。

·面对失败，他们会把面临的挫折看成特定的、暂时的，是别人行为的结果，不归咎于自己；同时，善于看到好的一面，坚信总有惊喜等在不远处，不断鼓励自己。他们遇到挫折后会很快振作起来，实现东山再起。

·是一种精神策略，能帮助人调剂自己的心情，将失败的阴霾驱散。把失败和成功同样看作是人生常态，不要把每次具体结果看得过重。托马斯·爱迪生说得好，"我没有失败，我只是发现了一万种不成功的方法"。

·使人坦然接受现实，享受人生的各种时光。乐观和悲观都是一种生活态度，完全取决于我们对于信息的解读，而不是信息本身如何。

·靠近乐观积极的人，远离悲观消极的人。乐观与悲观都是可以传染的，跟什么样的人在一起，就会有什么样的生活态度。

3.1.3　提升幸福感从学会感恩开始

> 感恩的心，感谢有你，伴我一生，让我有勇气做我自己。感恩的心，感谢命运，花开花落，我一样会珍惜。
>
> ——《感恩的心》歌词

树高千丈不忘根，人若辉煌莫忘恩。做人要饮水思源，常怀感恩之心，发自内心地唱好同一首歌——"感恩的心"。感恩不仅是成功之后再表示，而应该是随时随地的事。

一、哪有什么岁月静好，不过是有人替我们负重前行

> 好也罢，坏也罢，晴天也好，阴天也好，一概抱感谢之心。不仅幸运时，即使遭遇灾难，也要说声谢谢，表示感谢。好歹现在还活着，上苍还让自己活得好好的，就冲这一点，也该感谢。
>
> ——日本企业家　稻盛和夫

"哪有什么岁月静好,是有人在替我们负重前行。"当我们说自己的生活如何潇洒时,要时刻对替我们负重前行的人怀有一颗感恩之心。因为他们,我们才能自由自在地做自己,无所顾忌地追求理想。

小时候的日子是幸福的,我们每天只管开心地玩耍,不用担心一日三餐如何实现;只管背着书包去上学,不用考虑学费从哪里来……长大以后,才知道是父母帮我们带走了所有的心酸,让我们可以无忧无虑地玩耍;是父母帮我们带走了所有的劳累,让我们可以自由自在地学习。

工作以后,我们或事业有成,或快速成长,那一定是在不同时期得到不同的贵人相助。或许,他们帮你时的初衷各有不同,但没有他们的相助,你一定要在黑暗中摸索更长的时间,甚至永远也爬不出来。而且一个人的成就越大,帮助他的人也越多。

对别人的帮助,要找机会说出来,而不能闷在心里,以为对方心知肚明,有心理默契。许多成功人士在公开演讲中,不论时间多么宝贵稀缺,但都不会在真诚感恩方面吝惜用词用句,而是大讲特讲,讲到让人理解和感动。

《西游记》中猪八戒的扮演者马德华,在其《悟能》新书全球首发仪式上,马德华诉说自己一路走来,得到很多贵人的帮助,并特别表达了对杨洁导演的感激之情,边说边流下了眼泪,"我从进了《西游记》剧组,一直到《西游记》拍摄完毕,总觉得好像家里有一个家长,这个家长又像父亲又像母亲,虽然有时候我们之间也闹点矛盾,但是杨导那种爱是永远不能磨灭的。我一生遇到许多贵人,杨导是我最大的贵人,他把我领进门,拍了《西游记》,让全世界这么多人知道有一个演猪八戒的叫马德华,他真是给我指了条路。"

生活中有些小有成就的人错就错在把平台当成自己的能力,把机会当成自己的实力，把别人的恭维当成真心实意的赞美，被顺风顺水冲昏了头脑，便开始贪天之功，自我膨胀起来，真的以为自己可以呼风唤雨、三头六臂，老子天下第一，团队离不开自己。殊不知这一切都是平台带来的流量，送来的机会。没有平台，你什么都不是！

真正的智者会非常清醒地认识平台的价值，而不会夸大自己的作用。一杯可乐在超市里只能卖到2元，在麦当劳餐厅里可以卖到10元，在高档休闲娱乐场所可以卖到20元，甚至更高，这就是平台效应。

《财富》杂志前总编约翰·休伊说："全球500强CEO很多都是我的好朋友，但是，只要我一离开《财富》杂志，他们会立即扔掉我的电话号码。"这么说，可能让人有一种"人走茶凉"之嫌，但是，对于一个运转健康的组织来说，"人走茶凉"是正常规律。一个领导干部从岗位上退下来，不再负责那份工作，自然也就没有了那份权力。

真正的智者也会清醒地认识时代的价值，"风来了猪都会飞"，他们感谢时代为自己发展送来了东风，而不会把自己看成天生就善于飞翔的小鸟。

1995年巴菲特第一次来中国旅行，他后来回忆起乘船旅行时看到的河边正在拉纤的纤夫，认为自己并不比这纤夫水平高哪里去："那些拉船的纤夫中可能就有另一个比尔·盖茨，但是他出生在这儿，注定一辈子这样辛苦地拉船，没有出人头地的机会。我们有机会获得这样的财富成功，纯粹是运气。"

二、感恩的人更幸福，得到更多

面对每一个上天给你的机会，你只需要做的一件事情就是感恩，不会感恩上天就不会再给你另外一个机会。

——北京大学教授　陈春花

社会上研究感恩的专家学者很多，有关感恩的文章更是浩如烟海。东西方文化差异很大，但有一点却不约而同，那就是都特别强调感恩的作用。

出人意料的是，世界上首次指出感恩重要性的人竟然是亚当·斯密，要知道，他是以强调私利是驱动力的言论而出名的经济学家。他清晰而又合乎逻辑地说，正是激情与情感将社会交织在一起，情感（比如感激之情）使社会变得更美好、更仁慈、更安全。

毫无疑问，当我们心存感恩时，它会使人产生帮助别人的行为，就很难同时感受到妒忌、愤怒、仇恨等负面情感，我们的心情更加阳光灿烂。充满感恩的人能更好地应对生活的压力，具有更强的抵抗力。即使在困境中，他们也能发现美好的东西，其他人也会更喜欢他们。

大量证据表明，感恩有益身心和事业发展。感恩之心强烈的人，通常对生活更加满意，行动的动机更加强烈，而且更加健康，睡眠也更加充足，焦虑、抑郁、孤独感都会下降。感恩的人更加容易融入生活、融入人群，和大家和谐相处，也更多地接纳自我和个人的成长，有更强烈的目的感、意义感和道德感。

另外有研究发现，感恩和工作效率有密切的关系。那些在月底给自己的员工写一封感恩信的领导，可以显著提高手下人的工作积极性，让生产效率提高20%。

人类最好的生活品质就是感恩之心，感恩的好处多多，也会因此收获更多。正如21世纪伟大的哲学家贾斯汀·汀布莱克所说，"凡事皆有因果"，显而易见人们更愿意帮助那些过去一直感恩他们的人，而不愿帮助那些忘恩负义的"白眼狼"。

人性最大的恶，是不懂感恩，"不懂感恩是所有邪恶之源""不感恩是人可以做的最恐怖和最不应该的恶"。莎士比亚在《李尔王》里更是形象地写道："一个忘恩负义的孩子比毒蛇的牙齿更让人痛彻心扉。"

案例：刘姥姥两次进大观园的不同待遇

红楼梦中有一个人物塑造得很成功，很滑稽，也很精彩，那就是刘姥姥。在前八十回中，她曾经两进荣国府，虽然嘴上说着是去探亲，但是心里面打的算盘大家都是心知肚明，那就是攀富亲戚。

刘姥姥第一次进大观园：刘姥姥第一次鼓起勇气踏进大观园，是因为家里边的生活实在是过不下去了，儿孙都等着吃饭，可是家中又没有余粮。在生活与尊严面前，大家都会选择前者，更何况刘姥姥是一个半只身子埋进黄土里的人，还在乎什么面子呢？于是她衣衫褴褛地跨进大观园，为了给自己壮胆，还带上了小孙子。

这次，王熙凤显然是随便打发刘姥姥这家穷亲戚，从凤姐的言谈举止中便可以一眼看出。凤姐说："这是二十两银子，暂且给这孩子做件冬衣罢。若不拿着，就真是怪我了。这钱雇车坐罢。改日无事，只管来逛逛，方是亲戚们的意思。天也晚了，也不虚留你们了，到家里该问好的问个好儿罢。"一面说，一面就站了起来，显然是端茶送客的意思。

刘姥姥第二次进大观园：刘姥姥是一个感恩的人，在家里的农产品收成之后，特地给自己的富亲戚带来一些原汁原味原产地的土特产。几袋带着泥土气息的新鲜瓜果，让王熙凤看到了一个知恩图报、令人尊敬、与众不同的刘姥姥。

别的姥姥拿到贾府的资助后继续混吃等死，但是刘姥姥却用贾府的接济置办田地，种了这么些庄稼出来。于是，王熙凤对她的态度发生了逆转，就留她住宿，好吃好喝好拿地招待她。

这一次，刘姥姥所见所闻就比第一次扩大了好几倍，于是上至最高人物贾母，下至宝玉、黛玉等贵族青年，在这一回都出现在了她眼前。最后，还得了一笔巨款：108两银子和其它的珍贵物件。

后来故事的发展也证实了王熙凤的眼光之毒。在贾府被抄家走向穷途末路时，刘姥姥与孙子舍身救下险些卖进妓院的巧姐——王熙凤的女儿，也体现了她"滴水之恩当涌泉相报"的性格。

3.2 善于从周围环境中获取积极情绪

> 天行健，君子以自强不息；地势坤，君子以厚德载物。
> ——《周易》

人活天地之间，要想有所作为，就必须效仿天体的运行和大地的宽厚，拥有奋发图强、积极向上的阳刚秉赋，以及胸怀宽广、品德高尚的阴柔品质，遵循天道，顺应规律，从天地间持续汲取能量，同时，减少能量的消耗。

3.2.1 正念冥想，消减压力

> 冥想的目的就是以一种积极的、精神上的方式实现内心的平静和世界的平静。世界并不是一个平静的地方，而且在每个人的灵魂深处都会有某种紧张和压力，所以，营造一种积极而平静的心境是很关键的，这样才能给我们的内心带来平静。冥想是能够带来改变、培养内在潜力的最佳方式之一。
> ——美国篮球运动员 科比·布莱恩特

正念冥想是将你从过去或未来中拉回到当下的有效方法。简单地说，正念冥想就是让你有意识地专注在当下的体验，无论那个当下是怎样的，对内外部经验不评判的关注，从观察者角度体验内部经验。

在正念冥想体验中，我们带着全然的觉知去安住于当下时，进入一种精神高度集中于当下、高度觉察，同时又放松而单纯的精神状态，帮助我们适时调整自己的情绪，不仅可以体验到喜悦，品尝幸福，也能够体验苦难，与风暴波澜更坦然相处。在那里，我们可以找到真正的欢乐，寻回真正的力量，拥抱真正的自我。

正念冥想，是大脑的一种刻意练习，它能随时随地给大脑按个暂停键，清除杂念与压力，让你的大脑得到高效的休息，常有"正念冥想五分钟等于深度睡眠一小时"的比喻，还可以帮助你对抗抑郁，提升大脑的专注力、创造力、情绪管理能力等，被称为"健康的要素，事业的助手"。

有研究结果表明，长期坚持正念冥想，脑部结构也会发生物理变化，负责注意力和综合情绪的皮层变厚，与学习、记忆能力有关海马区的脑灰质变厚，与焦虑、恐惧及心理压力有关的杏仁核区脑灰质变薄。

正念冥想，还是从独处中汲取能量的有效方式，在社会上呈现越来越流行的趋势。公开资料表明，一些知名大咖和财富500强公司也在积极实践正念冥想，并从中获益良多。施瓦辛格描述了他本人借助正念冥想发现的蜕变，深有感触地说："它改变了我的一生，不仅我的焦虑感消失了，我的情绪也比之前稳定。直到今天，我仍然从中获益。"谷歌公司内部每年举办四次正念课程，每次长达七周，帮助几千名谷歌员工拓展思维空间，激发创意和灵感。

常言道，吃饭穿衣，坐卧行走都是禅。基于东方佛学思想的正念操作简单方便，可以随时随地，坐在办公室椅子或垫子上，在出差路上，甚至会议间隙也可以完成。

正念冥想的练习方法

·放慢你的呼吸：调整姿势，把自己的身体安放在放松但警觉的状态中，再将注意力放在呼吸上。感受空气流经鼻孔的感觉，觉知吸气、呼气，以及两者之间的停顿。把注意力立刻带到自己身上、带到当下，用你的呼吸抚慰你的内在，跟自己内在在一起。

· 跟自己身体贴近，觉察自己身上有哪些没有放松的地方，然后让自己放松。

· 放空你的头脑，什么都不想。当你走神时，比如突然想到一件事还没有做，这时你需要做的只是告诉自己："哦，我知道了，回到呼吸上吧"。

3.2.2　从他人身上获取积极情绪的三个方法

　　三人行，必有我师焉。

——孔子

每个人身上都有自己的闪光点，我们可以从那些失败者身上学得教训，从平庸者身上见到世俗，从成功者身上汲取智慧，从卑鄙者身上懂得谋略，甚至从孩子身上也可以重拾忘却已久的纯粹快乐。一代宗师一定是集大成者，以天下为师，向每个人学习，集众家之长，然后才可以师天下。

一、多向有结果的牛人学习

　　不要相信普通人给你的建议，建议通常是无效的。因为如果有效，他就不会是普通人。

——美国演说家　安东尼·罗宾

再叫好的票，如果不叫座，也就没有任何意义。任何一个能够影响时代、影响团队的人，都不是白给的，都有两把刷子。结果是最好的证据，最有信服力，不会撒谎，也不会骗人。因此，我们应向每个人学习，更应向有结果的牛人学习，哪怕就是翻翻成功者的传记，也可能改变人生的轨迹。卡内基说："如果不是看了富兰克林的自传，我根本就没有勇气走出家乡，开始我的创业历程。"

近朱者赤，近墨者黑，近贵者富。学习牛人最有效、最直接的方式就是接近他们，努力和他们站在一起。如果仔细观察，不难发现：牛人总是活力充沛、激情澎湃，具有强大的磁场，拥有超大的脑容量，内心蕴藏着无穷的智慧，浑身散发着喜悦与爱的能量，他的一言一行、一举一动都有强大的感染力和号召力。与他在一起时，大家都会情不自禁感到快乐。

一个朋友教育孩子非常成功，三个孩子一个比一个有出息，全部毕业于985名校，个个都是栋梁之才，大儿子还获得了美国总统勋章，让人艳羡不已。一次，曾向他请教家庭教育经验，他说："我其实并没有做什么特别的事。如果非要说一条的话，那就是在力所能及的范围内，帮助孩子引荐他们想见的高人，利用榜样的力量，鼓励孩子成为最好的自己。"

数据显示，一般情况下，一个人的能量场终其一生也不会发生多大变化。但是，说不定某种机缘把你带到了某位大师的课堂上，现场听课的震撼使你当时觉醒，这样的觉醒力量也许在一天之内就把你的能级提高了几十个点甚至更多。有道是"听君一席话，胜读十年书"，这种感觉好象吸氧了一般神奇，茅塞顿开，突然有以前的日子算是白活的感觉，现在才开始从圈外走向圈内。

比现场见到牛人更有效的是直接得到牛人的当面指点。韩寒说："一个人多优秀，要看他有谁指点。"经师易遇，人师难求。人生路上行至半途，蓦然回首，发现原来自己之所以与很多机遇擦肩而过，缺少那么一个在关键时刻能够帮你点明要害的贵人。细细体会一下，如果不是某个高人当面给你的一个提示，你怎么会看到更高的可能性呢？

二、敢于"班门弄斧",跟牛人过招

跟我们角力的人能培养我们的胆识,磨砺我们的技巧。敌人就是我们的好帮手。

——爱尔兰政治家 埃德蒙·伯克

说起"班门弄斧",我们首先想到的是一种贬义说法,关羽面前耍大刀,心里没数,不知天高地厚。但是,这里说的"班门弄斧"是一种有效的学习方法,就是敢于跟牛人过招,感受牛人思考、说话、做事的行为方式。

好马与劣马一起赛跑,最终会越跑越慢;而与更优秀的对手比赛,则会越战越勇。一个人想要获得什么样的成就,往往取决于对手是谁,对手的层次和水平如何。如果你同羚羊战斗,那么你所掌握的技巧至多只能打败一头羚羊;如果你同老虎战斗,那么即便你不能击倒一头老虎,但至少也可能打败一匹豺狼。

要成功需要朋友,要巨大的成功,就需要伟大的对手。强大的对手,永远是成长的最好伙伴,也只有强大的对手才能造就出更强大的胜利者。想让自己跑得越来越快的简单方法就是投入一个竞争性的环境,寻找一个好的竞争对手,让自己时刻都存在一定的竞争压力和威胁。只有同行者更强大,自己才会更卓越。

2016年3月7日,是宝马汽车诞生100周年的日子。这一天,已有130年历史的老对手奔驰发了一张海报:

"感谢100年的竞争!没有宝马的那前30年,其实感觉很无聊。

如果没有宝马伙伴一路同行:也没有最创新的科技、最酷的设计、最好的顾客满意度!当然,还有销售、市场份额、利润……

感谢一百年的竞争!生日快乐!BMW。"

三、具有"相似度"的学习对象更值得借鉴

物以类聚,人以群分。我们总是喜欢那些和我们在社会文化、经济实力、财富、地位、阶层、教育背景等方面相似的人,以及那些和我们在性格、品德、格局、思维方式、智商、情商等方面相似的人。

——清华大学心理学教授 彭凯平

在日常工作中,我们经常讲"学习雷锋好榜样",还提出要远学什么、近学什么等学习计划,甚至不远千里,求经问宝,但是,学习对象的先进性与否并不是决定学习效果的主要因素,能否适合自己才是更重要的衡量标准。比如,一些学习对象的确很棒,水平一流,无可挑剔,但是,让一个管理粗放、刚刚起步的小企业去学习,很可能不见成效,甚至会死得更快。要知道,有些对象就是学不来,无法复制的。

一篇叫《读完MBA后,公司终于倒闭了……》的文章在网上传得沸沸扬扬,说出了当今MBA教育的痛点:那些没有任何实践经验、空洞的理论知识十分渊博的教授博士们,所传授的书本知识,来源于那些大企业(很多是跨国集团)的运作策略,而且是过去式(书本上所选案例几乎都是特定时代、特定背景下的过时案例),而参加总裁班学习的学员,几乎都是小微型企业的老板。你本身只是一个蚊子的体量,却要学饲养大象的方法,不死才怪!

比高大上的先进有更多借鉴意义的往往是相似的榜样。人们更愿意接受与自己看法相似的信息,让别人的观点来验证自己的判断,选择性地忽略与自己看法不一致的信息。我们往往从那些具有"相似度"的学习对象中获得更多的启示,所以不必舍近求远,盲目跟风向远处不相干的高手学习,身边的相似兄弟更值得学习,效果也更好。

根据社会科学研究,在"聪明才智、吸引力、相似度、地理位置相近、

社会地位高"等5项中，接受调查的人大多数选择了"相似度"，研究结果表明，那些与我们相似的人更容易影响我们。

我们不但要善于学习相似对象的优点，还要从他们的错误中进行学习。巴菲特说："人们总说通过错误进行学习，我觉得最好是尽量从别人的错误里学习。"因为一个人经历的事情毕竟有限，你不可能逐一试错，而且有些错误是我们人生所不能承受的。因此，你如果聪明的话，要善于从别人的错误中学习，吸取教训，让自己少走弯路。

3.3 积极化解职场压力

> 井无压力不出油，人无压力轻飘飘。
> ——大庆油田第一批石油钻探工人　王进喜

压力具有双重性。一方面，适度的压力，能让我们保持动力，不断前进。另一方面，压力山大又是幸福的第一杀手，会导致一系列生理和心理问题。我们所能做的，并非视而不见，亦不能视为洪水猛兽，而是正确看待压力，积极化解压力。

3.3.1　正确应对职场压力三部曲

当一个人极端愤怒时往往就无法深谋远虑，正如传统文学作品中的人物——无论是张飞还是李逵，动不动便要杀他个片甲不留的猛将，似乎永远是计略不足的；而能够在谈笑间樯橹灰飞烟灭的，如诸葛孔明般的，总是带着了然于脑的淡淡微笑。

——清华大学心理学教授　彭凯平

心理学研究表明：愤怒情绪确实使人变得"目光短浅"——当看到令人愤怒的图片之后，人们更难注意到事物的整体，注意范围也变窄了。因此，如果你手头上还有事情，尤其是重要事情时，应该先平息情绪，等心情平静后再处理事情，不要带着负面情绪冲动行事。

1. 叫停你的事情，先让自己静下来。

"知止而后有定，定而后能静，静而后能安，安而后能虑，虑而后能得。"当情绪失控时，要果断STOP，越重要的事情越是要停下来，先让自己静下来，避免火上浇油，错上加错，将来追悔莫及。因为情绪一激动，理性思维就锁死，就像大脑死机一样，就不太动了，所以古人说："极怒时莫与人书，极喜时莫与人物"。

这其实与我们的大脑构造有关，人类的大脑有杏仁核和大脑皮质层，前者控制我们的情绪，后者控制我们的理性。而大脑的基本工作原理是：当杏仁核工作的时候，大脑皮质层自动休眠。这也就是为什么当我们情绪上来时，是完全不可理喻的，因为控制理性的大脑皮质层停止了工作。先处理心情，就是让控制心情的杏仁核安静下来，让大脑皮质层启动工作，打造轻松抗压的身心节奏。

• 让自己安静下来。只有安静下来，才能不被各种杂音所干扰，才能不被各种杂念所左右，才有可能做出最优的决策。法国的试验表明，噪声在55分贝时，孩子的理解错误率为4.3%，而噪声在60分贝以上时，理解错误率则上升到15%。

• 呼吸你的想法。有一句禅宗格言说的是"生命在一吸一呼之间"。专家研究发现，有一种呼吸组合对压力下降和杏仁核安静最有用，深呼吸，吸气的时候肚子要鼓起来，意念集中，不胡思乱想，最重要的练习就叫做专注当下，而这个专注有两种，一种是专注我的念头，另外一种叫做放空，什么都不想。如果你做4分钟以上，大脑里面的压力大的时候杏仁核会有三四种荷尔蒙分泌最后往下降，然后血液里面的氧气、二氧化碳就调为正常。

2. 用积极的眼光看待压力、化解压力。

首先，要承认压力的存在。也就是说当你感受到压力时，不逃避它，允许自己感知到压力，包括它是如何影响身体的。观察自己面对压力时的生理和心理反应，以及自己所处的环境。记录下来，慢慢你就能总结出自己和压力的相处规律。

其次，要欢迎压力。有压力，说明眼下你面对的事情和人，是你在意的，珍惜的，对你有价值的。研究表明，压力会促使我们的人体分泌催产素，调动并增强我们的社交机能。同时我们加速跳动的心脏，也在往大脑和身体的各个角落输送养料和氧气。

然后，运用压力给你的能量。不要浪费时间去想，怎么才能缓解或消除压力，而是要思考：造成压力的根本问题是什么？怎样的努力才能直接作用于压力的导火索？

一步两步，两步三步；一次两次，两次三次……相信你会逐渐感受到压力的好处，更能培养出自己应对压力的策略。

3. 再处理事情。

磨刀不误砍柴工。在处理好心情后，再按照"审大小而图之，酌缓急而布之，连上下而通之，衡内外而施之"的原则，分出轻重缓急，大小上下，稳步推进事情的解决。

3.3.2 积极化解压力的四种方法

治国如治水，堵不如疏，疏不如引。

——佚名

一个人如果压力山大,会在人的精神体系内形成一种间隔性能量,导致身体调节机能紊乱,思想体系运转失衡,甚至引发疾病,一夜黑发变白发。

一、体育锻炼是降压的最好方法

> 我曾因抑郁症而跑步,通过跑步把抑郁症治好了,今天现身说法,我也很坦率地表达一个观点,马拉松或长跑,对治疗抑郁症确实有作用。
>
> ——优客工厂创始人 毛大庆

有人说,世界上只有两种人,一种喜欢运动,一种还不知道自己喜欢运动。运动是一项欲罢不能的快乐事情。有了烦心事,体育场是治疗抑郁、排解烦闷最好的良药,是完善人格、净化心灵最好的方法。

大概是英雄所见略同吧,我国最知名的两所大学不约而同地推崇体育。北京大学操场上有一句非常醒目的标语:"完善人格,体育为首。"清华大学更是提出"无体育,不清华""为祖国健康工作50年",并将游泳、长跑列为必修课,不达标就不能毕业。

科学研究表明,剧烈运动会产生内啡肽和多巴胺,这些脑垂体分泌的物质能使人部分消除疲劳感、疼痛感,让人神清气爽,精力充沛,甚至会产生运动上瘾。

长期坚持健身的人如果停止运动,不仅会带来身材走样、体能下降,还会引发一系列心理问题。美国科学家做过实验,让长期坚持健身运动的人停止健身运动,同时把日常体力活动降低到最低限度。试验的第二天起,被测试者开始变得紧张、焦虑、沮丧,但恢复运动后,他们又变得愉快起来。

二、多挣钱，多一些选择的权利

不是有钱却很善良，是有钱所以善良，如果我有这些钱的话，我也可以很善良，超级善良，钱就是熨斗，可以把一切都熨平了。

——韩国电影《寄生虫》经典台词

奥斯卡·王尔德说："在我年轻时，曾以为金钱是世界上最重要的东西。现在我老了，才知道的确如此。"钱的确是个好东西，世间90%的事情都可以用钱来解决，剩下的10%也可以用钱来缓解。

"有恒产者有恒心，无恒产者无恒心。苟无恒心，放辟邪侈，无不为已。"当你银行卡里的数字一点点增长，心中的底气才能一点点增加，选择的权利也会变得更多。

没钱你连选择的权利都会被剥夺！有位文化名人给她儿子写了一封信，信上说："孩子，我要求你读书用功，不是因为我要你跟别人比成绩，而是因为，我希望你将来会拥有选择的权利。选择有意义、有时间的工作，而不是被迫谋生。"

一个十分炎热的夏日午后，太阳在炙烤着大地。我带儿子本来想打车回去的，临时起意，想改坐公交车，让他体验一下生活的艰辛。

公交站台上已有一个五十岁的老妇人，头发花白，她看来已经等了一时了，身上的衣服很旧并且湿透了。

等了大约十分钟，儿子眼尖，远远地看见公交车来了，突然惊喜地叫道："爸爸，2路公交车来了！"

老妇人也很高兴，嘴里喃喃地说："终于来了！"

很快公交车就进站了，我和儿子正准备乘车时，突然看到老妇人高兴的脸神又暗淡了起来，嘴里自言自语道："怎么又是空调车呀？！"

我和儿子上车了，老妇人犹豫了一下，最终还是没有上。在车上，孩子问我："那个奶奶怎么不上车呀？"

我说："空调车票2元，不带空调的车票1元。那个奶奶或许在省钱，为她的孙子买一支铅笔或者攒钱买上学的书包！"

三、人间烟火气，最抚凡人心

幸福的生活，永远从飘着菜饭香味的厨房开始。

——欧派广告语

"人间烟火气，最抚凡人心。"我们都是平凡之人，都不是从石头缝里蹦出来的，工作烦了，打拼累了，到人间烟火处调整一下，也是很好的压力释放方式。

你应该体验过，将工作的事情抛到脑后，逛逛菜市场，走进厨房，系上围裙，在案板上细细切碎生活中的酸甜苦辣，在油锅里慢慢煎炒人生中的悲欢离合，也可以获得心灵治愈。古龙说，当一个人对生活失去希望，就放他去菜市场。因为不论怎么心如死灰的人，一进菜市场，再次真实地嗅到人间烟火的气息，也必定会重新萌发出对生活的一丝眷恋。

你应该体验过，用心去拖拖地，整理一下乱七八糟的房间，给绿植浇浇水、剪剪枝，沉浸在一种体力劳动中，可以让你暂时忘记烦恼，还能给人带来心灵的平和与力量。干家务的时候，会让你的手保持忙碌，同时让你的脑袋感到放松，甚至会有格外治愈的成就感。

你应该体验过，远离钢筋水泥城市的喧嚣，到农村亲手打理属于自己的一亩三分地，自己种菜、自己采摘，不必有农药残留之苦，不再有食材不新鲜之忧，既满足了对品质消费的追求，还可以体验耕种过程中劳动的快乐，这是一种更爽的休闲方式。

你应该体验过，在炎炎夏夜撸串吃小龙虾，将"长在手上"的手机放在一边，边吃边喝边聊，把人生故事揉进一杯杯平顺甘醇的啤酒里，朋友间面对面侃侃大山，互相倾诉一下心里的话，那一刻，所有的压力都跑到九霄云外去了……

四、表露创伤，也是一种治愈

把你的痛苦告诉给你的知心朋友，就会减掉一半；把快乐与你的朋友分享，快乐就会一分为二。

——英国哲学家 弗朗西斯·培根

据统计，超过50%的人在一生中会至少经历一次创伤事件。如果我们将创伤事件和情绪憋在心里太久，总是压抑自己的真实情绪，会引发更多的健康问题。但是通过创伤表露，却可以取得超乎想象的效果。

所谓表露创伤就是将创伤经历和感受用文字或语言表达出来，翻译成现在的一个流行词就是"吐槽"。

心理学家发现：从每天都可能遇到的小小烦心事，到失业、失恋、失去健康这些较大的人生挫折……遇到这一切黑暗之后，用文字书写下来的表达，是找回幸福光明的关键所在。

表露创伤，其实是一种治愈。心理学上有一种说法叫"与人链接，痛苦减半"。研究指出，通过表露创伤来获得治愈的关键，其实不在于对方是什么身份，和我们的关系如何，而是在于是否能够获得支持性回应，即倾听的人能否恰当地理解、关怀和支持受到创伤的人。所以，选择最愿意支持我们、最值得信赖的人作为树洞，坦诚地说说自己心里的话，这是安全进行创伤表露的重要一环。

通常，人们会选择先试探性地和家人、朋友等亲近的人来谈论创伤，方式也往往比较迂回，通过反复试探，绕很多圈子，才有可能涉及到真正的创伤事件。而在确定对方可以接受我们对创伤事件的描述，收到一部分积极、安全的反馈后，人们才会进一步表露自己在创伤中的角色、感受，以及回忆的一些细节。这种做法是有必要的，可以有效避免二次创伤。

第四章
CHAPTER 04

支柱2：投入热爱的事业，以工作福流忘记压力

> 人类最美丽的命运、最美妙的运气，就是从事自己喜爱的事情并获得报酬。
>
> ——美国心理学家 亚伯拉罕·马斯洛

有记者问晚年的弗洛伊德："老师，你能不能总结一下这50年研究心理学的经验？能不能一句话告诉我对人最重要的是什么？"弗洛伊德只答两句话："去爱！去工作！"

4.1 喜欢上自己的工作，体验澎湃福流

> 不必脱离俗世，工作现场就是最好的磨练意志的地方，工作本身就是最好的修行，每天认真工作就能够塑造高尚的人格，就能获得幸福的人生。希望大家铭记这一点。
>
> ——日本企业家　稻盛和夫

在人生的时间轴中，除了吃饭睡觉，大部分时间是在工作中度过的。一个人从25-60岁，大约需要工作7万小时。因此，一个热爱生活的人，请从热爱工作开始吧。

4.1.1 专心致志让人更快乐

> 双双瓦雀行书案，点点杨花入砚池。
> 闲坐小窗读周易，不知春去几多时。
>
> ——南宋诗人　叶采

一个人找到真正热爱的事情，投身其中，完全出于自发的兴趣，而不在于报酬、奖励、评价等外界诱因，这是幸福的源泉和基础。心理学家研究表

明，如果一个人能够专注于某件事，身心就会处于一种十分和谐的安稳中，很容易引发一种超然舒缓的喜悦感。

一、福流，你了解吗？

> 庖丁为文惠君解牛，手之所触，肩之所倚，足之所履，膝之所踦，砉然向然，奏刀騞然，莫不中音。合于《桑林》之舞，乃中《经首》之会。
>
> ——庄子

美国心理学家米哈伊教授调查了600多个人获得成功的原因后发现，这些人能够将自己的事业做到极致，不是因为他们的智商、情商、家境、学历比别人高多少，而是因为特别擅长做一件事情——在做自己特别喜欢做的事情时，能够全神贯注，沉浸其中，物我两忘，心无旁骛。

这位心理学家把这个体验叫做flow。有人将flow翻译成"心流"，清华大学社会科学院院长彭凯平教授将其翻译为"福流"。我个人觉得"福流"是音近、意近、神近，翻译更贴切。福流主要有六个特征：

1. 注意力完全集中。

你的注意力被高度锁定在正在做的这件事上，全神贯注，沉浸其中，如痴如醉。

2. 意识和行动融为一体。

辛弃疾有一句很著名的词："我看青山多妩媚，料青山看我应如是。"你已经忘记了自己，完全融化在这件事之中，此时不知是何时，此身不知在何处。

3. 内心评判声音消失。

我们在日常状态下，大脑中总有个声音在对自己做各种评判。比如你画一幅画，这一笔下去到底好不好？你跟人说一句话，这句话说的对不对？你大脑中总有个声音在评价你自己：这一笔有点重，那句话不妥啊……而在福流状态下，那个声音消失了。此时，你不太在乎别人的评价，也不在乎最后的结果，就是一种欣赏行动本身。

4. 时间感消失。

你忘记了时间的流动。一般表现为时间加速，明明已经过了几个小时，你还以为只过了几分钟；明明过去了三年，还感觉如同昨天一样。还有可能是时间冻结，比如你在海面冲浪，或者做别的什么高难度的体育动作，明明只是一瞬间的事儿，却能非常切实地感觉到那一瞬间的丰富体验，好像慢镜头一样一帧一帧地过，你感到时间很长。变快也好变慢也罢，这个现象都叫"深度的现在"：你就如同永远停留在了现在。

5. 强烈的自主。

驾轻就熟，有特别好的控制感。你感觉完全掌控局面——而这个局面恰恰又是平时不可掌控的。比如一个篮球运动员，手感来了怎么打怎么有、怎么投怎么进，就好像球被你驯服了一样……这一刻你是自己命运的主人。

6. 强烈的愉悦感。

"爽"和"high"还不足以形容那种愉悦感的丰富性，反正是特别高兴，特别满足，特别和乐自得，特别酣畅淋漓，"这感觉，够爽"。福流，是工作生活给个人最好的奖励。你对那种感觉的印象是如此之深刻，如此之美好，以至于宁可冒很大的危险也想再来一次，死了也要做。

从生理科学方面来看，福流的前提是我们要主动关闭大脑的前额叶皮层的一部分功能，福流的过程是大脑分泌"去甲肾上腺素"和"多巴胺"等六种激素，不断深入，福流的愉悦感也自这些激素。福流不再仅仅是人脑这个黑盒子的外部表现，而是有了实实在在的大脑硬件工作原理的解释。

幸福的人更经常进入福流，经常进入福流的人感到更幸福。那么，做什么样的事情容易产生福流的体会呢？科学研究表明，最重要的就是做自己爱做的事情。

书画家作书画时，把自己关在画室里，长时间沉浸其中，不但不感觉孤独，还不愿被打扰，内心有高度的兴奋及充实感，这是福流状态。

喜欢摄影的人，遇到美丽的风景，可以拍一个景色半天不动，不怕日晒雨淋，不惧严寒酷暑，废寝忘食，怡然自得，这是福流状态。

喜欢运动的人，进入到一定状态之后，会有神清气爽，精力充沛，甚至会产生上瘾的感觉，这也是福流状态……

二、专心致志比走神时更快乐

> 不管什么工作，只要拼命投入就会产生成果，从中会产生快乐和兴趣。一旦有了兴趣，就会来干劲，又会产生好的结果，在这种良性循环过程中，不知不觉你就喜欢上了自己的工作。
>
> ——日本企业家　稻盛和夫

哈佛大学进行了一项研究，对2250人进行了数据采集，发现人们在46.9%的清醒时间中，心思并不在所进行的事情上，而在处理过度思维的"背景噪声"上。人类所特有的"背景噪声"，导致其长期处于慢性唤起的兴奋状态，进而引发失眠、神经衰弱、焦虑等亚健康症状。人们走神时比专心于当下更加不快乐。无论你现在做的事情有多让你不开心，只要你走神，你都会变得更不开心。并且即使你是为了逃避当下而思绪纷飞去想其他更快乐的事情，这样舒心怡人的神游内容也不会让你更快乐。

为了解释是不快乐导致走神还是走神导致不快乐，研究者对比了"现在走神"和"后面不快乐"以及"现在不快乐"和"后面走神"这两组关系，来比较"走神"和"不快乐"之间的因果关系。最后得出结论，"现在走神"和"不快乐"之间有较强的联系，而"现在不快乐"和"后面走神"之间则没有明显的关系。说明了更有可能是走神导致了不快乐。

专心致志不仅让人更加快乐，而且对男人来说，全身心做事情时让女人感觉更有魅力。哈佛大学的一项研究表明，女性看男性，两个瞬间最性感，第一就是光着膀子做饭，第二就是全身心做事情，比如眉头紧锁、伏案深思的律师；紧盯仪表盘、沉着冷静的飞行员；深谋精算、步步为营的商人。这是一种强者的气质，是将来成为人中豪杰的磁场。因为思想，所以性感；因为性感，所以吸引。

美国电影《廊桥遗梦》里有这样一个经典片段：其中有一个片段就是男主人公罗伯特接受女主人公弗朗西斯卡的邀请，两人在桥边一起约会的情景。男主人公作为杂志的摄影师，出于工作需要，专心致志地在廊桥下面拍照，那种对摄影的专业、专注和专心，好象女主人公不在一样。女主人公偷偷从桥上观察在桥下拍照的男主人公，心里的小鹿乱撞，脸上表情竟然有了微妙变化，这也为两人下一步感情的升华做出了铺垫。可以推断，在女主人公眼里，投身工作、享受摄影的男主人公在那时那刻是特别性感的。

然而遗憾的是，分心走神是我们日常工作生活的常态。著名社会心理学教授丹尼尔·T·吉尔伯特的一项研究报告表明。不管在做什么，人们的分心走神都极为频繁。其中在梳妆打扮时有70%的人会走神、在工作时有50%的人会走神、在锻炼时有40%的人会走神，都出现了走神，平均"走神率"高达46.9%。几乎所有的日常活动中都有超过30%的人出现了走神。这些来自日常生活的真实数据远远高于实验室条件下测得的数据。

要实现专心致志，避免分心走神，最好是找一份难易适中的工作，让自己处于"良性压力"状态。耶克斯-多德森定律反应了压力与表现之间的关系。空闲状态几乎不能分泌出应激荷尔蒙，表现由此受到影响。如果我们获得更多的激励和投入感，"良性压力"会促使我们进入最佳表现状态，可以精力充沛地完成当前任务，感到喜悦和幸福。如果任务难度过大，我们承受的压力太大就会筋疲力尽，此时应激荷尔蒙水平升高，人就会进入失控状态，认知能力降低，最终影响表现。

有一个神奇的数字15.87%，说的是当你训练一个东西的时候，你给它的内容中应该有大约85%熟悉的，有15%感到意外的。研究者把这个结论称为"85%规则"，把15.87%叫作"最佳意外率"。这个数值就是工作学习的"甜蜜点"。

电子游戏的设计者运用这个比率来增强游戏的好玩性。15%左右的犯错率，是最好玩的游戏。如果在这个游戏关卡中玩家都一点都不会犯错，轻松过关，那游戏玩家会感到无聊。如果让玩家频频犯错，那设置太难了，也玩不下去。

4.2 以"五心"的心态，做一个有专业的人

> 做学问必须具备"五心"——爱心、专心、细心、恒心和虚心。
> ——教育家 赵景深

正如一句经典台词里说的那样，"海燕啊，你可长点心吧！"在这个智商过剩的时代，走心是唯一的技巧。做学问与做工作是相通的。打工人也要以"五心"的心态对待工作，努力做一个有专业的人。五心不定，输得干干净净！

4.2.1 职位是暂时的，唯有专业永恒

> 总裁的职位是暂时的，唯有专业永恒。
> ——北大方正集团总裁 谢克海

一个朋友在某省属重点大学做辅导员，工作成绩斐然，在全校上百名辅导员中脱颖而出，多次荣获"十佳辅导员"，还在省里获了一堆证书。但是，在私下聊天时，他说自己总是有些莫名的焦虑。

我很不解，大学是旱涝保收的事业单位，自己的工作还这么出彩，有什么可焦虑的？他说："术业有专攻。作为一个大学老师，如果没有自己的专业，总是感觉有缺憾。一旦卸任了辅导员，感觉自己什么都不是，但是专业可以跟随自己一辈子。"

其实，不仅大学教师，任何职位都是暂时的，人走茶凉，而拥有自己的专业却是永恒的，这样的人也更有底气和自信。三百六十行，行行出状元。没有工作好不好，只有工作干得好不好。任何专业的人都值得尊重，都了不起。

周润发在电影《无双》中说："任何事，做到极致就是艺术。这个世界上，一百万人中只有一个主角，而这个主角，必定是把事情做到极致的人。"

骑着自行车送信的邮递员，这项工作足够简单了吧，似乎没有太大技术含量，小学毕业也可以胜任。但就是这样简单的工作，四川省凉山彝族自治州木里藏族自治县邮递员王顺友却做到了极致。

2005年，王顺友被评选为《感动中国》十大人物之一。颁奖词是这样的：他朴实得像一块石头，一个人，一匹马，一段世界邮政史上的传奇。他过滩涉水，越岭翻山，用一个人的长征传邮万里，用20年的跋涉飞雪传心，路的尽头还有路，山的那边还是山，近邻尚得百里远，世上最亲邮递员！

2005年10月19号，在万国邮政联盟总部的会议上，131年的惯例被中国人打破，王顺友成为自1874年万国邮政成立以来第一个被邀请参会的最基层、最普通的邮政员。

2009年9月14日，他被评为100位新中国成立以来感动中国人物之一。

王顺友还先后荣获全国"五一劳动"奖章、全国劳动模范等一系列荣誉称号。

那么,问题来了,怎样才能成为一个专业的人呢?我们平常说,树冠有多大,根系就有多深多阔。一棵树,如果长在肥沃的地方,它的树根与树冠的比例,差不多有1:1的关系;如果长在土壤比较贫瘠的地区,树根与树冠的比例,可能是2:1到3:1;如果长在岩石地区或沙漠地带,树根和树冠的比例可能会达到5:1。

尼采说:"其实人跟树是一样的,越是向往高处的阳光,根越要扎向无底的黑暗。"一个人要拥有自己的专业,就得克服浅尝辄止的浮躁心理,将根扎下去,扎下去才能长出来。哪怕看起来十分简单的工作,也需要在别人看来习以为常,甚至不以为然的单调重复中,不断汲取营养和水分,实现持续精进成长。

4.2.2 爱心,让工作多些温度感

> 为什么我的眼中常含泪水,因为我对这土地爱得深沉。
> ——中国现代诗人 艾青

人类的生命,不能以时间长短来衡量,心中充满爱时,刹那即为永恒。我们平常说"最爱吃的面呀,是妈妈做的手擀面"。妈妈做的手擀面之所以好吃可口,是因为妈妈充满了爱,并将爱倾注到食物里。

在获得奥斯卡奖的日本影片《入殓师》里,一个大提琴师下岗失业到葬仪馆当一名葬仪师,通过他出神入化的化妆技艺,一具具遗体被打扮装饰得就像活着睡着了一样。他也因此受到了人们的好评。这名葬仪师的成功感言

是：当你做某件事的时候，你就要跟它建立起一种难割难舍的情结，不要拒绝它，要把它看成是一个有生命、有灵气的生命体，要用心跟它进行交流。

干工作是需要一点温度感的，用雷锋的话说就是"对待同志要像春天般的温暖，对待工作要像夏天一样的火热"。有没有爱心，带不带真诚，对方是能够感受到的。

管理工作与活生生的人直接打交道，而且要求必须依靠影响并带动人来推动工作，就更需要温度感，带着感情去做工作。要知道，我们无法通过智力去影响别人，情感却能做到这一点。

郑板桥在《墨竹图题诗》中写道，"衙斋卧听萧萧竹，疑是民间疾苦声。些小吾曹州县吏，一枝一叶总关情"。做为一名政府工作人员，看到一起事故的死亡人数，就应该看到这不仅是一串数字，而是一个个鲜活的生命在消失；看到下岗职工的报表，就应该看到这不仅是简单报表，而是一个个家庭在生计方面将遇到很大的困难……

反之，如果一名管理者心中无爱，即使业务水平再高，头脑再聪明，管理能力再强，话说得再冠冕堂皇，但是，他内心深处的冰冷，还是会不经意间流露出来，给人一种不舒服的感觉。因为这种爱，不是装出来的，不是表演出来的，也不是发朋友圈秀出来的。

做人需要温度，一个组织也同样需要。一个文明城市一定是有民生温度的，一个文明单位也一定是有良好体验的。要知道，未来的竞争必将是用户体验的竞争，靠的不仅是速度，更需要温度。

有关温度的字样被写入一些政府的工作报告和一些企业的宣传用语，成为政府施政纳领和公司发展新名片，成为未来美好生活的重要愿景。

2020年，时任上海市市长应勇在政府工作报告里提出，"让我们的城市更有温度、人民更加幸福。"

2020年，国家电网公司在济南火车站打出了"办电加速度，陪伴有温度"大幅宣传广告。

2019年，京东物流在《人民日报》打出整版广告："京东物流就在您身边。城市群半日达，千县万镇24小时达。有速度，更有温度。"

4.2.3 专心，心无旁骛钻进去

> 专业领域的美感，在于真正体会到穷尽方法不遗余力带来的愉悦，感觉到精于一道以此为生的那一份安逸和宁静。
>
> ——现代管理之父　彼得·德鲁克

有人问爱迪生："成功的第一要素是什么？"

爱迪生回答说："有能够将你身体与心智的能量锲而不舍地运用在同一个问题上而不会疲倦的能力。"

有专家做过调查，人与人相比，智力差别并不是很大，更关键的因素在于专心程度。"心无杂念，专心致志"是成功者的共通之处，也是成功的先决条件和核心秘诀。只有排除干扰，全神贯注地投身于工作，付出不亚于任何人的努力，通过这条道路——也只有通过这条道路，才可以实现持续精进。

1. 专心需要一心一用，不能心猿意马。

现代社会选择很多，诱惑也多。据统计，仅手机用户平均每天都要解锁手机90次，按照8小时标准睡眠时间计算，人们平均每10分钟就会解锁一次。一个人的注意力被如此频繁地切割，我们还能全神贯注吗？因此，时代比以往任何时候更加呼唤沉下心来好好做事的人。

2. 专心需要聚焦、聚焦、再聚焦。

《孙子兵法》中说："故备前则后寡，备后则前寡；备左则右寡，备右则左寡；无所不备，则无所不寡。"现实情况教育我们，全面平庸往往不

敌片面深刻。无论干什么工作，要做出一些成效，都需要聚焦、聚焦、再聚焦。

"有为者辟若掘井，掘井九轫而不及泉，尤为弃井也。"挖十口浅井，不如挖一口深井。在一个方面做"头把刀"，胜于在十个方面当"二把刀"。认认真真地做一件事，会解释所有的事，证明很多能力。马马虎虎地做十件事，什么也解释不了，什么也证明不了。

任正非在写给新员工的信里说："现实生活中能把一项技术弄通是很难的。您想提高效益、待遇，只有把精力集中在一个有限的工作面上，不然就很难熟能生巧。您什么都想会、什么都想做，就意味着什么都不精通，做任何一件事对您都是一个学习和提高的机会，都不是多余的，努力钻进去兴趣自然在。"

人怕就怕在本职工作还没做好，就心猿意马、盲目跟风，东山看着西山高，频繁更换赛道。要知道，每重新进入一个陌生领域，就意味着前期的投入都将成为沉没成本，一切都得重敲锣鼓再开张。"少则多，多则惑"，人的精力是有限的，将鸡蛋放进100个篮子里，最后的结果一定是自己也记不清鸡蛋在哪里。

一次路过一家私人诊所，里面只有一名赤脚医生，面积也就30～50平方米，但为了招揽生意，竟然在橱窗上写着治疗高血压、糖尿病、脑血栓、性病、妇科、儿科、骨科，甚至癌症等上百种疑难杂症，墙上挂满了各式各样的锦旗，还特别标榜中西医结合，师从某国际著名专家，并悬挂着大幅与大师的合影照片。但是，透过橱窗望进去，发现里面连日患者稀少，门可罗雀。

据此推理，这个诊所肯定是在王婆卖瓜，自卖自夸，言过其实。果不其然，时隔不到半年，再次路过这家私人诊所时，就挂出了停业转让的告示。

4.2.4 细心，天下大事必作于细

尽精微，致广大。

——中央美术学院校训

2013年中央美术学院95周年校庆期间，征集名师语录，近60%的师生选择了徐悲鸿当年在美院教学时倡导的理念："尽精微，致广大"。

徐悲鸿正是用画作来实践这一理念的典型代表。在他的作品中，既有巨幅力作，活灵活现，令人叹为观止；也有一些袖珍小画，同样精彩纷呈，跃然纸上。比如，有印章一般大的奔马，依然英姿飒爽；三厘米大的麻雀展翅，却也五脏俱全。徐悲鸿最擅长的就是画马。有人将徐悲鸿的奔马放大20倍以后，发现了一些肉眼无法看到的细微秘密：这些奔马的骨骼、血肉也画得惟妙惟肖，栩栩如生。

古人讲"治大国如烹小鲜，治众如治寡，分数是也""天下大事，必做于细。"大事小事在道理上是相通的，精微小事做好了，广大之妙也就来了。

1. 天下大事必作于细，于细微之处见精神，在细节之间显水平。

我们很多人喜欢做大事，不屑做小事，能力与野心不匹配，徒增了好多迷茫和痛苦。事实上，真正的硬功夫在于，天下大事必作于细，于细微之处见精神，在细节之间显水平。

记得在山东大学读MBA进行论文开题时，导师略带着些批评的语气对我们开题的学生说："大家普遍选的题目很大，动不动就是某企业发展战略研究等，这其实是MBA论文的误区。事实上，一个很简单的事，比如，如何把厕所打扫干净，如何将邮包送好，深入进去，小中见大，也能写出很有深度的论文来。"他不反对大家写高大上的题目，但是，更提倡同学们将论文写在祖

国大地上、写在企业生产实践中,将小事情琢磨出大门道,这样更能彰显出论文的水平。

说实话,当初我对导师的话有些不解,甚至不以为然,但随着年龄的增长,阅历的加深,却愈发觉得这些话的意义了。以我们当时刚参加工作3~5年,还是基层管理人员的资历,写小题目显然更合适些。

2. 立足本职岗位,将事情做实做细做到位。

汪中求在《细节决定成败》中说:"现代企业中想做大事的人很多,但愿意把小事做细的人很少;我们的企业不缺少韬光伟略的战略家,缺少的是精益求精的执行者;绝不缺少各类管理规章制度,缺少的是规章条款不折不扣的执行。"

不论未来组织如何演变,在一个团队里,最稀缺、最受欢迎的人永远是认真细致地做好每一件事情、踏踏实实地做实每一个环节,将本职工作扎扎实实做到无可挑剔、尽善尽美。把每一件简单的事做好就是不简单,把每一件平凡的事做好就是不平凡。心理学家米哈里·契克森米哈赖曾经讲过这样一个案例:

里柯·麦德林在一条装配线上工作。完成一个单元,规定的时间是43秒,每个工作日约需重复600次。

大多数人很快就对这样的工作感到厌倦了,但里柯做同样的工作已经5年多了,还是觉得很愉快,因为他对待工作的态度跟一名奥运选手差不多——训练自己创造装配线上的新纪录。

经过5年的努力,他最好的成绩是28秒就装配完一个单元,最高速度工作时会产生一种快感。

里柯知道,他很快就会达到在装配线上工作的极限,所以他每周固定抽两个晚上去进修电子学的课程。拿到文凭后,他打算找一份更复杂的工作。

3. 小事做不好，也会带来大麻烦。

英格兰有首名谣："少了一枚铁钉，掉了一只马掌；掉了一只马掌，丢了一匹战马；丢了一匹战马，败了一场战役；败了一场战役，丢了一个国家。"小水沟里翻大船。细小的事情往往发挥着重大的作用，不注重细节就可能会引起工作的错误，带来大麻烦，甚至造成无法挽回的损失。

2019年8月12日，腾讯视频在推送的一则关于山东汛情的消息中称："山东省应急厅消息：台风利奇马已致全省人死亡，7人失踪。"

显然，该消息应该是推送的编辑操作失误，导致缺少了死亡人数。但这种错误一经推出，还是震惊不少人，造成了许多网友的质疑。大家纷纷表示这种低级错误本可避免的。而实际情况是山东应急厅宣称台风导致了5人死亡，7人失踪。

有图有真相，对此，腾讯视频回应称："因编辑失误造成文案中遇难人数的缺失，对此我们发现后立即进行了更正。对于产生的不良影响，我们向广大网友表示诚挚的歉意。在日后的发布工作中，我们一定严加审核，杜绝此类错误的再次发生。"

4.2.5 恒心，一生做好一件事

> 人们眼中的天才之所以卓越非凡，并非天资超人一等，而是付出了持续不断的努力。一万小时的锤炼是任何人从平凡变成世界级大师的必要条件。
>
> ——《异类》作者 马尔科姆·格拉德威尔

恒心，就是要有一种几十年如一日的坚持与韧性，冬练三九、夏练三伏，日拱一卒、功不唐捐，干一行、专一行、精一行，倾其一生的时光与精力、一生的思维与智慧，把一件事做到极致。

荀子说："骐骥一跃，不能十步；驽马十驾，功在不舍。"人生是一场比马拉松还旷日持久的运动，比的不仅是速度、反应力，更重要的是耐力，是坚毅精神，能在一件事上持续投入多久。赢得竞争的，往往不是巨大优势的短期爆发，而是微小优势的长期积累。默默地坚持，笨笨地熬，度过那段无人问津的寒冬，就能迎来百花齐放的春天。

环顾一下朋友圈，也不难发现，最成功的人肯定不是最聪明的，而是对长期目标最具有持续激情、持久耐力的。时间，看得见，也不会辜负付出时间、经历枯燥而漫长刻意练习的人。这也应了王安石的一句话，"世之奇伟瑰怪非常之观，常在于险远，而人之所罕至焉，故非有志者不能至也"。

著名钢琴家郎朗在做客鲁豫有约时，被问到，如果一天工作到非常晚，是否还会练琴？郎朗摸着脑袋回答道："那也练，不练琴等于是慢性自杀行为，你说了一大堆废话也没用，我是靠什么意念（练琴），那都扯淡。"

练琴这活，一天不练琴，自己知道；一周不练琴，同行知道；一个月不练琴，观众知道。郎朗从出道开始，就被冠称"音乐天才"的名号，其实正是"一万小时"定律的忠实践行者，靠着过人的自律，一日一日积累琴艺，摸索弹琴技巧，才能成就他如今的绝代风采，成为钢琴王子。

很多事情当场没有解决路径，也没有头绪，但是别急，暂时搁置一边，时间会帮你解决。比如，有些事情晚上睡觉时还一筹莫展，但一觉醒来就可能柳暗花明，突然找到了答案，好似任督二脉被瞬间打通一般。

任正非重新解读乌龟兔子赛跑的老故事，赋予了新的意义，并大力倡导"乌龟精神"，他认为，"乌龟精神"就是指认定目标，心无旁骛，艰难爬行，不投机、不取巧、不拐大弯，跟着客户需求一步一步地爬行。

很多时候，我们缺的不是能力，怕的不是起点低，而是乌龟般的毅力和坚持，持续性地踌躇满志。乌龟虽然爬得很慢，但它不走捷径，一直坚持前进，终将抵达终点。

人不可能无所不能，那些真正厉害的人总是在下笨功夫，集中最核心的智力、体力和精力，在自己最有天赋，也最热爱的那条路上深耕细作，将一件事情做到极致，尽力成为你所在领域里很难替代或无可替代、具有核心竞争力的人。最重要的是两点：

一是高水平。指在总结自己和前人的经验上，每一次都有所收获，有所进步，"今天比昨天好一些，明天比今天好一些，后天比明天好一些"，努力打造自己专业的护城河。

遗憾的是，大多数人做事情是在低水平上、漫不经心的重复，只能停滞在某个阶段成为一棵长不大的灌木，无法进阶。因此，职场老司机未必更有竞争力。很多干了几十年的"专业人"做事"不够专业"，增加的只是工龄，水平依然很低，甚至还会有所退化。

二是大量。指长时间的投入时间和精力练习，它考验的是你的专注和坚持。有些领域需要坚持十年、二十年、三十年，有时甚至是一辈子。功夫名星李小龙说："我不怕遇到练习过一万种腿法的对手，但害怕遇到只将一种腿法练习一万次的强敌。"

与我们一衣带水的日本特别注重工匠精神，好些人一生专注做一份工作，不断精进提升，做得有声有色。一生专注做好一件事，也是一件十分美好的事，这样的人最有魅力，也最能打动人的心弦。

日本有一位名叫新春津子的保洁员被封为"国宝级匠人"，她所负责的东京羽田机场连续4年被评为"世界上最干净的机场"。

新津春子，从高中开始就做上了唯一肯雇佣她的保洁工作。这一干就是21年，可以对80多种清洁剂的使用方法倒背如流，也能够快速分析污渍产生的原因和组成成分。她凭借自己过人的清洁技术拿到了"日本国家建筑物清洁技能士"的资格证书，有人评价称："她的工作已经远远超越了保洁工的范畴，而是在干技术活。"

新津春子有时候也会应邀去解决公共设施或家庭的顽固污迹，因此成为了日本家喻户晓的明星。

现在，新春津子已转型做了技术监督管理岗位，负责培训机场700名清扫工队伍，利用自己的专业知识培养更多专业的人。

4.2.6 虚心，一杯咖啡吸收宇宙能量

> 中国的古语中，有"唯谦是福"一语。陶醉于微不足道的成功，沾沾自喜，目中无人，这样的人，最终必将沉溺于自身无止境的欲望中，不可自拔。忘记谦虚美德的经营者所掌舵的企业，从无长入持续繁荣的先例。
>
> ——日本企业家　稻盛和夫

在《易经》中专门有一卦以"谦"命名，而且谦卦是唯一六爻皆吉的卦。谦卦告诉我们，满招损，谦受益。一个人从小到老，只要能够保持美好的谦德，做人谦虚，对人谦让，修养自己宽阔的心胸，可以换来幸福，对自己是非常有利的。

稻盛和夫曾这样评价松下幸之助先生：松下先生自己没有学问，所以总是用主动请教别人的方法促使自己进步。这一信念松下先生终生不渝。后来他被誉为"经营之神"，被人们神化了，但他自己依然贯彻"一辈子当学生"的信条。我认为这种虚怀若谷的精神才是松下先生真正的伟大之处。

谦虚不仅是在礼仪表象方面，说些"我水平有限，请多包涵""哪里哪里，实在不敢当"之类的客套话，而是从内心放低姿态，以开放思维，广开言路，从善如流，持续吸收别人的知识和能量。

任正非多次强调"一杯咖啡吸收宇宙能量"的观点，要求华为人利用各种交流的机会与场所，进行精神的神交，吸收外界的能量，不断优化自己。不仅要向同业学习，也要向异业学习。

在记者问及任正非已经领先的华为"现在还有一个学习的榜样吗？"问题时，任正非虚怀若谷，他回答道："第一，亚马逊的开发模式值得我们学习，一个卖书的书店突然成为全世界电信营运商的最大竞争对手，也是全世界电信设备商的最大竞争对手。第二，谷歌也很厉害，大家也看到'谷歌军团'的作战方式。第三，微软也很厉害。怎么没有学习榜样呢？到处都是老师，到处都可以学习。"

"海不择细流，故能成其大；山不拒细壤，方能就其高。"一个人能吸收到什么样的能量，则取决于自己的内心。有什么样的内心，就会感召到什么样的能量。当你打开智慧之门，以空杯的心态迎接知识时，时空的能量会源源不断流入你的身体，获得的能量将超乎你的想象。

我也曾见过一些身价几十亿的老板，邀请一些教授喝茶聊天。虽然在好多领域，这些身经百战的老板比纸上谈兵的教授，有更深刻的认识，更多的发言权，但是，他们没有吹嘘，而是诚意求知，静静地听，默默地想，有时还拿出手机在备忘录里记一些关键内容。他们就像一个"学识黑洞"，彻底吸引教授的想法和话语，很有可能在当天就电话调兵遣将，迅速变成行动方案，实现知识的变现。

现在社会上流行一个概念叫傻瓜指数，简单地说就是一个人觉得自己多久以前是一个傻瓜，半年、一年还是十年，这代表了一个人成长的速度。如果有人觉得10年前的自己是傻瓜，那这个指数就是10年；如果觉得1年前的自己挺傻，那这个傻瓜指数是1年。

傻瓜指数是一种典型的成长型思维，反映一个人是否有开放的思想和空杯的心态，是否有心甘情愿提升自我的强烈愿望。拥有成长型思维的人，他们的逻辑里就没有成功，只有成长，他们发自肺腑地自以为愚，能够不断看到自己的不足和无知，永远在追求、探索未知的领域。即便在功成名就、走向人生的巅峰时刻之后，他们也会主动放下荣誉的包袱，积极进行归零重启再出发。

乔布斯有一句被人们反复引用的话，"求知若饥、虚心若愚。"Stay hungry. Stay Foolish. 人从来不怕无知与浅薄，我们最要为之警惕的是自负与自满。一旦这两种脾性得以滋生于心田，则这个人的高度与深度，自此截止再无可拔高与开耕之机。事实上，当一个人沉浸在昨天的辉煌时，"想当年，我也曾经牛气冲天过"，就表明他已经老了。

第五章
CHAPTER 05

支柱3：打造和谐的人际关系，以人情温暖融化压力

> 人的本质在其现实性上是一切关系的总和。
>
> ——马克思

人与人之间的对比，从本质上来看，就是社会关系总和的对比，谁的关系网越大，且关系的连接越深，那么谁就越强大，越有力量。

5.1 良好的人际关系是减轻压力的良药

> 没有人是一座孤岛，可以自全。每个人都是大陆的一片，整体的一部分。
>
> ——英国诗人 约翰·多恩

人类社会，说到底就是一个巨大的关系网络，没人能独善其身，永远与世隔绝，只依靠自己度过一生。人际关系是人生的必修课，也是这世上最好的幸福课。

5.1.1 人际关系的重要性远远超乎想象

> 人的一切烦恼都来自人际关系。
>
> ——奥地利心理学家 阿尔弗雷德·阿德勒

现实世界中并不存在"快乐的隐士"，良好的人际关系是通往幸福的必备条件。会处理人际关系的人，善解人意，懂得分寸，人见人爱。白富美、高富帅的人未必幸福，对幸福影响更大的因素是美好的人际关系，是至爱亲朋的支持。

1. **人际关系是幸福的重要因素。**

中国古代有四大喜事之说，分别指的是"久旱逢甘霖，他乡遇故知，洞房花烛夜，金榜题名时"。在四大喜事中，其中，两大喜事与关系直接相关，分别为"洞房花烛夜""他乡遇故知"。

哈佛大学医学院花了75年跟踪研究了724位男性，发现幸福的人生最终都有一个共同特点：拥有良好的关系。事实证明，和家庭、朋友和周围人群连结更紧密的人更幸福。他们身体更健康，他们也比连结不甚紧密的人活得更长。研究结果还显示：发展得最好的人是那些把精力投入关系，尤其是家人、朋友和周围人群的人。

2. **人际关系有利于健康长寿。**

从古至今，延年益寿、长生不老是人们的一大梦想，无论是一生致力于寻觅长生不老药以求长命百岁的秦始皇，还是西游记中绞尽脑汁想吃到唐僧肉的那些妖魔鬼怪，概莫能外。那么，什么是影响人寿命的第一大因素呢？

美国心理学教授霍华德·弗里德曼和莱斯利·马丁经过20年的研究，发现排在第一位的不是生活习惯，不是性格特征，也不是职业生涯……在最影响人寿命的6大因素排行榜中，人际关系高居榜首[①]。

研究表明，良好的人际关系是应对紧张的缓冲器，有益于心脏健康。长期精神紧张会削弱免疫系统并加速细胞老化，最终让人的寿命缩短4～8年。而人缘好的人，心情一般会很好，体内大量分泌有益的激素、酶类和乙酰胆碱等，这些物质能把身体调节到最佳状态，有利于健康长寿。

3. **人际关系也是生产力，可以直接影响一个人的收入水平和事业高度。**

要想走得快，一个人走；要想走得远，一群人走。一个人连同他背后的社会关系，共同构成其社会支撑体系的重要组成部分。社会关系强大了，才能行稳致远。

[①] 其余5项才依次为性格特征、职业生涯、生活细节、戒除不良习惯、与健康者为伍。

哈佛大学持续76年跟踪700人的生活，研究结果表明，当一个人智力上达到一定水平，金钱上的成功主要取决于关系水平。一个拥有"温暖人际关系"的人，在人生的收入顶峰（一般是55到60岁期间）比平均水平的人每年多赚14万美元。智力水平在110—115之间的人与150以上的人，在收入上没有明显差别。

5.1.2 黄金法则：己所不欲，勿施于人

> 子曰："其恕乎！己所不欲，勿施于人。"
> ——《论语·卫灵公》

1993年世界宗教会议通过《全球伦理宣言》，其中将中国2500多年前的一句话——"己所不欲，勿施于人"定义为伦理的黄金法则，今天依然是人类的道德准绳，是避免国际争端、宗教文化冲突最有效的手段。

这条黄金法则包含两层意思：一是自己不喜欢或不愿意接受的东西千万不要强加给别人；二是应该根据自己的喜好推及他人喜好的东西或愿意接受的待遇，并尽量与他人分享这些事物和待遇。

人际关系不是单人舞、独角戏，而是交际舞、团体戏，是两个人乃至多个人的事。践行黄金法则，关键要增强同理心。

同理心是指站在当事人的角度和位置上，客观地理解当事人的内心感受，且把这种理解传达给当事人的一种沟通交流方式，就是将心比心、推己及人，同样时间、地点、事件，而当事人换成自己，也就是设身处地去感受、去体谅他人。

同理心对我们的社会行为、利他的倾向、人际关系的建设、感情的建立，以及整体的幸福感都有特别重要的意义和帮助。

要做到同理心，其实是一件不容易的事。因为无论我们多么强调"想他

人之所想，急他人之所急"，本质上还是在用自己的逻辑去思考。这让我想起庄子"子非鱼，安知鱼之乐？"的经典对白：

庄子与惠子游于濠梁之上。庄子曰："鯈鱼出游从容，是鱼乐也。"惠子曰："子非鱼，安知鱼之乐？"庄子曰："子非我，安知我不知鱼之乐？"惠子曰："我非子，固不知子矣，子固非鱼也，子不知鱼之乐，全矣。"庄子曰："请循其本。子曰汝安知鱼乐云者，既已知吾知之而问我，我知之濠上也。"

缺乏同理心的人多数时候并不是不想理解别人，而是没有意识到自己的行为适得其反。芒格说："对世界的伤害更多的来自认知缺陷，而不是恶意。"生活中我们的很多分歧，往往来源于双方不同的认知。我们每个人生活环境和经历不同，就形成了不一样的人生观念，都认为自己有理，甚至认为别人不可理喻，"那些听不见音乐的人认为那些跳舞的人疯了"。

同理心的个人特质

·将心比心：人心都是肉长的。同理心的底层思维逻辑在于真正以解决对方的问题为出发点。用第三只眼客观看待世界，换位思考，设身处地去感受和体谅他人，并以此作为处理工作中人际关系、解决沟通问题的基础。

·感觉敏感度：具备较高的体察自我和他人的情绪、感受的能力，能够通过表情、语气和肢体等非言语信息，准确判断和体认他人的情绪与情感状态。例如，在谈话中对方不时偷看手表，可能表示还有其他事情；当对方开始打呵欠，就是暗示时间不早了。

·同理心沟通：听到说者想说，说到听者想听。我们平常说错话得罪人，与谁合不来。其实这种情况下，多数原因在于没考虑过对方的心理，让对方感觉不舒服。

- 同理心处事：以对方有兴趣的方式，做对方认为重要的事情。越是上乘的处事方式，越是会站在对方的角度出发，而非一味考虑自己想做什么。

- 同理心不同于同情心，同理心是学会理解别人的感受，并非可怜对方的遭遇。

5.1.3 人际关系的本质是互相帮助

人与人之间的交往基本上是一种利益交换的过程。
——美国社会学家 乔治·霍曼斯

韩国著名经理人朴钟和认为，人际关系最重要的要素就是利益。给那些您希望和其保持良好人际关系的人以某种利益，是建立正确人际关系的第一秘诀。互惠互利是建立良好人际关系的前提条件，是维持长久社交关系的坚强基石。

1. 互惠互利的基础是圈层一致

人际交往的最基本动机，就在于希望从交往对象那里获取自己需求的精神上的或物质上的满足。如果你想从别人那里得到什么恩惠，也应该先考虑自己能给别人报答什么。你能为他人提供什么帮助，决定了他人对你的看法与尊重。

成年人的人脉是分圈层的，并且带有相当程度的功利色彩。每个人都会有自己的圈层，圈层会筛选和排斥那些不属于这个圈层的人。一个人在结交另外一个人时，都会判断这个人是否属于自己的利益及价值圈层，不仅是关系的亲疏有别，还有能量上的趋利避害，然后再决定是否与其交往，以及交往的深入程度。只有价值当量一致，才具有深入合作的基础。

如果一个人的自身价值远低于对方，即使对方出于道义伸出援助之手，但也不大可能在一个圈里混的。大家都不愿意和各方面都不如自己的人一起玩，这样只会拉低自己的水平。

2. 互惠互利的表现为"来而不往非礼也"

李嘉诚说："朋友请你吃饭，不要认为理所当然，请礼尚往来，否则你的名声会越来越差。"亲戚越走越近，朋友越交越深。如果你从别人那里得到了恩惠，也不能得之坦然，要适时适度进行回礼，不能总想着赚人便宜。比如，你要是借了别人的车，就得洗好车，再加满油再还给人家，这样"好借好还，再借不难"。

当然，这种互惠互利不是AA制。你给我几分好处，我马上就等额还回同等好处，甚至精确到小数点后两位数字。有些小资信奉AA制，小算盘打得啪啪响，看似小葱拌豆腐一清二白，公平合理，互不亏欠，其实是结交高端人脉的大忌，这正应了一句话"机关算尽太聪明，聪明反被聪明累"。

历史学博士邹振东在其著作《弱传播》一书中提到了这样一个案例：一年前，同事参加你的婚礼，给了你500块钱的红包。一年后，他结婚。请问，你应该还多少钱的红包？

如果你也随500，大家觉得顺理成章；随1000，大家觉得你很大方；随400，大家觉得你可能有点小气。但这不是最忌讳的数字。最忌讳的数字是508.75元；500+一年期的定期存款利息8.75。假如红包是这个数，友谊的小船说翻就翻的概率是最高的。

从道理上看，508.75是一个最合理的数字。但是从情感上看，这是一个最忌讳的数字。所有的同事都会觉得，你在用金钱计算你们之间的关系，根本没把他们当朋友。

这种互惠互利还表现为一定的账面模糊性，不能要求你帮了我，我就马上给予酬答，而是铭记情义，细水长流，在适当的时候给予答谢。

定位理论创始人艾·里斯、杰克·特劳特认为，用好友谊的方法是定期与你的朋友保持联系，光交朋友还不够。你还得牵出友谊这匹马，间或操练它一番；否则的话，在你需要它的时候反而会用不上它。

5.2　职场人际关系相处秘籍

> 人生最大的财富便是人脉关系，因为它能为你开启所需能力的每一道门，让你不断地成长，不断地贡献社会。
>
> ——美国演说家　安东尼·罗宾

每个人在职场中都会面临着向上、向下和左右的关系，向上就是与上级的关系，向下就是与下属的关系，左右就是横向的同事关系。当"上下左右"基本平衡时，这个人的沟通状况是健康的，职场状态也是稳定的。

5.2.1　有团结的地方，定有幸福相随[①]

> 单个的人是软弱无力的，就像漂流的鲁滨逊一样，只有同别人在一起，他才能完成许多事业。
>
> ——德国哲学家　叔本华

一根筷子轻轻被折断，十根筷子牢牢抱成团。团结是至宝，团结是最有力的武器，团结出人才，团结出政绩，团结出干部，团结出幸福。

---

① 哈萨克斯坦谚语。

一、"成绩归属于团队"是真心话

> 用众人之力，则无不胜也。
>
> ——《淮南子》

"一个篱笆三个桩，一个好汉三个帮"。领奖人上台领奖，发表获奖感言时，最经常说的一句话就是，"成绩归属于英雄的团队"，其实这不是谦词，也不是客套话，而是一句真心话。

我们从学校毕业到进入职场，由学业转变为工作，人生观、世界观也必须作180度的转变。因为学业优异可以仅凭一己之力，而事业成功却无法单枪匹马搞定，其中最大的差异在于从"单干"变成了"大家一起干"，由"提高一分，干掉千人"变成了"大家好，才是真的好"。

在职场里，小成功靠个人，大成功靠团队，个人是逞不了英雄的。无论什么工作，都一定需要上司、部下以及同事的协助。没有团队的帮衬，个人是无法成功的，也是走不上领奖台的。

《西游记》堪称团队致胜的经典案例，从团队视角看，唐僧师徒几人都有不少的毛病，甚至有严重的污点，完全符合"没有完美的个人"的特点。团队的意义就在于"平凡的人做非凡的事"。

· 唐僧——可敬不可爱的圣僧：手无缚鸡之力的文僧，却长着一身高贵希奇的好肉。他的善良和宽容在实用功利的当前时代里显得有些迂腐可笑，但他目标坚定，有发自内心的理想和信念，"我先发愿，若不至天竺，终不东归一步""宁可就西而死，岂归东而生"，让人肃然起敬。

· 孙悟空——成长的烦恼与悲哀：从大闹天宫到西天取经，从齐天大圣到斗战胜佛。一部《西游记》，就是一部孙悟空的成长史。在取经的路上，孙悟空学会了适应环境，学会了人情世故，最终成为天庭体制内的一员。

· 猪八戒——西天路上的凡夫俗子：一个被挟带的"革命者"，从来就没有普渡众生、修成正果的雄心壮志，有正常人所拥有的一切欲望，包括缺点和不足，并且几乎从不隐瞒。

· 沙僧——没有性格的大内高手：不一定非要武功盖世，忠于主人、永不背叛，这才是侍从最重要的素质。

· 白龙马——真正的幕后英雄：走路，走路，不停地走路，是其取经路上的主旋律。在降伏黄袍怪的过程中立下了一大功，在至暗时刻挽救了取经事业。

师徒几人之所以功成名就，取得真经，最根本的原因就在于5个甚至有严重污点的师徒组成一个完美团队，"一个也不能少，一个也不能多"。他们之间优势互补、协同西行，唱响同一首歌，这才使得取经的愿景具有了现实的可能性。

二、好的管理是将团伙变成团队

一致是强有力的，而纷争易于被征服。

——古希腊哲学家、文学家 伊索

现代管理学奠基人德鲁克说："好的管理是将团伙变成团队"。在其将近96年的一生中，他一直将此作为宣讲的一个重要主题，并影响了全球无数的政界、商界人士。从表面上看团队和团伙都是一群人组成的团体，但是，团队不是团伙，两者之间还是有根本性区别的。人在一起只不过是团伙，心在一起才是团队（见表5-1）。

表5-1 团队和团伙的区别

	团队	团伙
价值观	组织至上	人情至上
人才定义	英雄团队	个人英雄
目标	坚定不移	随机应变

续表

	团队	团伙
成员关系	沟通信任	相互猜疑
结果	1+1>3	1+1<2

团队文化对应的文化现象叫"大雁文化"：大雁在飞行的过程中，会有一只头雁领队，其他的雁会在其身后利用头雁产生的气流来飞行，这样的阻力会大大减小，而且头雁是不断变换的，每只雁都要为其它大雁引航。

个人的力量是有限的，团队的力量是无限的。亚里士多德将整体与部分的关系精确地表述为整体不是部分的总和，整体大于部分之和，也就是我们平常说的"1+1>3"。

我曾经住在阜外医院附近有两年的时间，经常看到很多外地患者不远千里来这里求医问药，对这家以擅长心血管疾病诊治而闻名的医院很是敬重。

一次跟阜外医院的一个外科医生在一起吃饭聊天，我恭敬地说："咱们阜外医院的手术水平就是高，很让人钦佩"。

然而，这个医生却没有接受恭维，而是风清云淡地说，"我们医生的水平其实比其它三甲医院高不了多少，最主要是我们包含麻醉、后勤支撑在内的支撑体系全国领先，世界一流。"他还说，如果我们的医生离开医院，去外地行医时，底气就不会这么足，手术效果也不会这么好，因为缺少娴熟默契的支撑体系，而这绝非一日之功。

团伙对应的文化现象叫"螃蟹文化"，与"大雁文化"形成鲜明反差：当只有一只螃蟹在筐里的时候，你需要时刻盯着它，以防它自己爬出来；但是当一群螃蟹放在一起时，就可以高枕无忧了。因为它们会来回抓扯，最后的结果是谁也别想爬出去，一起等着被烹制。

团团伙伙有百害而无一益。很多政党、组织都旗帜鲜明地反对单边站队,避免帮派风气产生。当一个组织形成了团伙,大家你拉我扯、内耗严重,其他要素配备再好也无济于事。

5.2.2　向上关系:努力与上司"同频共振"

> 你不需要喜欢或钦佩你的主管,你也不需要痛恨他。但是,你必须要管理他,让他帮助你达成目标。
>
> ——现代管理学之父　彼得·德鲁克

许多单位在总结经验时,第一条常常就是"领导重视"。长期的职场经验告诉我们,这不是一句可有可无的八股文,而是一句非说不可的大实话。一项工作,如果争取领导的支持和重视,就会事半功倍,否则就会事倍功半。

一、站在成就领导的立场,积极做好向上管理

> 有效的管理者了解他的上司也是普通人,肯定有其长处和短处。如果能在上司的长处上下功夫,协助他做好工作,便能在帮助上司的同时也带动下属自己。要使上司发挥所长,不能靠唯命是从,应该从正确的事情着手,并以上司能够接受的方式向其提出建议。
>
> ——现代管理学之父　彼得·德鲁克

向上关系,是职场中最重要的关系,没有之一;向上管理的能力,也是职场最厉害的能力,没有之一。不论你是职场新人,还是中高层管理人员,不论你是国有企业,还是民营企业、外资企业,与上司处好关系,获得老板的青睐是做好工作,实现快速升迁的捷径。向上管理的核心在于成就领导。

1. 向上管理不是唯唯诺诺、溜须拍马,而是敢于说出自己的建设性观点。

《史记·商君列传》中说:"千羊之皮,不如一狐之腋;千人之诺诺,不如一士之谔谔。"一千人的随声附和，说些不痛不痒的话，往往赶不上一个人的直言争辩，说出建设性的观点。真正的歌者能够唱出人们心中的沉默，赢得人们的尊重和上司的青睐。

要知道，领导需要的是忠诚，而不是唯唯诺诺；需要的是以实际行动来支持他做出的决策，而不是用空洞的赞美之词拍马屁。领导都是聪明人，是社会的精英群体，站得高，看得远，更明白其中的道理。

2017年5月7日，山东省委书记刘家义主持召开全省党建工作座谈会。刘家义语重深长地对与会人员说，"你们不要看书记是什么眼神，那是不对的"，讲到这里时，刘家义特意用手指敲了几下桌子。接下来，他还举了一个例子。

"有一次专门试了一个同志"，刘家义说，本来该名同志讲的是完全正确的，"突然我跟他说，是不是可以这样考虑？他马上变过来，对，应该是这样"，"然后我又提醒，是不是应该这样？他又说，对，马上这样"，刘家义打了个向右的手势，解释这名同志在他的二度"提醒"下，大反转，立即"向右转"。此处，会场响起一片笑声。

举完上述这个例子，刘家义说，"后来我得出一个结论，此人不可用"。

当然，向领导提出建议，发表观点，不能缺乏应有的尊重，甚至想挑战领导权威，表现得比领导还聪明。

2. 站在高两级的立场看问题，出谋划策、贡献智慧。

原经济日报总编艾丰有个很著名的观点：要当好一个记者，必须具备宏观意识，"想总理想的事情"。

向上管理也应该如此，"身在兵位，胸为帅谋"，把上级的事情当作自己的事情，努力站在更上一级的立场，看问题，想办法，拿措施，帮助上级改善绩效。这样登高望远，你更易发现工作的美，解决问题的层次将会有效提升，向上关系也因此变得更加简单和谐。

《丰田工作法》一书中说，在丰田，经常要求员工站在比自己现在位置更高的立场上看问题，就是要站在上司的上司的立场看问题。他们的职位排序为，班长＜组长＜工长＜科长。班长要站在工长的立场看问题，组长要站在科长的立场看问题。

如果只站在自己的立场看问题，那么做出的改善只能停留在现状的延长线上，很难有大的改善空间；但是，如果能够时刻意识到上级的上级"有什么烦恼""会怎样判断""会如何决定"之类的问题，情形就大有不同。这让我想起爱因斯坦一句特别著名的话："同一层面的问题，不可能在同一个层面解决，只有在高于它的层面才能解决。"

3. 甘于做一名追随者，向上司学习本领。

如果能有幸跟最精明、最出色、最有能耐的上司混，那将是人生之幸事，也是一种极好的福份。此时，你需要做的就是当好追随者，这好比做高级工之前先做初级工，"一年跟着干，两年单独干，三年成骨干"，懂得追随才能增长本领，快速超越。

古人讲"随之有道"，翻翻成功人士的传记，不难发现，有很多人是靠紧跟别人才爬上成功阶梯的。从第一个分给他们做的苦差事到最后成为大公司的高管，都是这样干出来的。

1949年，19岁的巴菲特到哥伦比亚大学读书，并学习了格雷汉姆的课程。他非常迫切地想要为格雷汉姆工作，不领薪水都可以，但是，格雷汉姆还是无情地拒绝了他。直到1954年，格雷汉姆才打电话给他，提供给他一份工作，他才得以有追随学习的机会。

巴菲特从格雷厄姆那里学到了"价值投资"的理念。日后，巴菲特将终生秉持这一理念，并成为其最有名的鼓吹者和获利最丰的实践者。2020年巴菲特以675亿美元财富位列《2020福布斯全球亿万富豪榜》第4位。

一般来说，你的上级比你要聪明一些，你的上级的上级比你的上级还要聪明一些，上级多数是值得追随和成就的，但是凡事肯定都有例外。如果你不幸摊上了不如人意的领导，怎么办？学者型企业家谢克海认为：如果以最大的善意、合理的方式尽心处理某种关系而依然无解，那么可以选择管理好自己，独善其身，但对于关乎组织核心利益、生死存亡的问题，必须选择战斗而不是逃避。

二、多请示，多汇报，让领导多了解你

> 谁经常向我汇报工作，谁就在努力工作；相反谁不经常汇报工作，谁就没有努力工作。这也许不公正，但是你的老板又能根据什么别的情况来判断你是否在努力工作呢？
> ——《超越哈佛》作者 马克·麦考梅克

简单曝光效应告诉我们，当一个人在我们面前反复曝光时，我们会提高对这个人的喜欢程度，哪怕只是简单、短暂的曝光。

在人才辈出的现代社会，只会拉车、不会看路，只会干事、不会汇报，是职场老黄牛最大的悲哀。如果你不想让自己的才华与能力被湮灭，就不要盲目相信领导的眼睛是雪亮的，也不要固执地认为"是金子总会发光"。

有一个很有能力的领导，在他身居高位以后陆续提拔了许多人，但大家发现了一个现象，他提拔的大多是他以前的同事、下属、秘书。

于是，也有一些人非议他"任人唯亲"。他出来回答说："我承认我提拔的这些人不一定是最优秀的，但是在我了解的人中他们是最优秀的，你不

能让我去提拔那些我不了解的人吧。"

权力之地不是真空地带。领导也不是从石头缝里蹦出来的，而是食人间烟火的凡夫俗子。正所谓"熟悉产生偏好，偏好影响评价"，领导都喜欢选择自己熟悉的人，这乃人之常情，也是人性使然，与"任人唯亲"无关。

斯坦福大学组织行为学教授杰弗瑞·菲佛说："人们记住了你，就等于他们选择了你。"人在职场，要主动与上司沟通汇报，增加"能见度"和曝光率，让领导记住你。汇报需注意以下几点：

1. 提前做好充分准备，机会总是留给有准备的人。

能力是印象的积累。每一次汇报都不仅是简单的汇报工作，都是在领导面前的一次自我展示。汇报好了，你在领导心目中的印象得分就是一个加分项。

功夫在诗外，努力在平时。一般来说，你想到什么就说什么，都不会讲得太深刻。要想给领导留下深刻美好的印象，"不鸣则已，一鸣惊人"，就得提前做足功课，逼着自己往深处想，往远处想，往大处想，往细处想，想领导可能会问到的各种问题，并提前做好应对预案。准备充分了，才能汇报的好，靠临场发挥大多是不靠谱的。好的汇报既要宏观，又要微观；既要有观点，又要有事例；既要有数字，又要有分析。

2. 不要拿问题去问领导，而是带着答案去汇报。

领导往往最恼火的就是遇到那些发问的下属，"这个事怎么办呀？""那个事应该如何呀？"活脱脱像一个考官，或者像一个推锅侠。这时，领导可能会这么想，"把球都踢给我，什么都等着我去做，我要你还有何用？"

因此，汇报之前，要使出"洪荒之力"，超前想好答案，如果有可能的话，最好是准备两套以上的方案，并表达自己的看法和倾向性观点，让领导去做选择题，而不是做回答题，这才是你的价值体现。

3. 准备好三个版本，根据需要可以随时调整汇报时长

汇报前，一般要打好腹稿，准备好详细、简要、超短三个版本，比如详细版时长为1小时，简要版时长为10分钟，超短版时长为1分钟。如果领导时间宽裕，就可以拿出详细版，不紧不慢地进行系统汇报；如果领导时间很紧张，就直接拿出超短版，掐头去尾，讲出最核心的观点。总之，不管让讲多长时间，呈现给领导的永远都是一个完整的内容。

2018年3月8日，据中青在线一篇题为《黑龙江省委书记张庆伟两次叫停念稿官员》的新闻报道：在黑龙江团开放日上，全国人大代表、黑龙江省委书记张庆伟两次打断一名念稿的官员。

在回答记者关于"乡村振兴战略"的提问时，一位官员拿出了自己准备好的材料。在念到6分钟左右时，张庆伟第一次打断，提醒他"你简短一点"。见该官员继续埋头念稿，张庆伟再次打断，"你把材料直接给记者朋友吧！不用说省委书记说啥、省长说了啥，我们的话自己会说。"

4. 多汇报、勤汇报，不要试图给领导一个惊喜

汇报的核心逻辑为进度条汇报方式，这好比寄一个快递，我们可以看到邮件走到哪个环节了，还有多久能够送达。做工作时更应该如此，我们应该让上级知道你在做什么，做到了何种程度，是怎么做的，目前遇到了哪些问题，需要怎样的帮助，预计何时能够完成。尤其是对于领导关注的事情，千万不要想着领导很忙，等事情结束后，攒到一起汇报，给领导一个惊喜。

德鲁克下面的话值得我们细细品味：绝对不要让领导感到意外。成员有责任保护领导不要受惊——即便这是惊喜（如果存在这种情况的话）……所有的领导都不喜欢"大吃一惊"，否则他们将不再信任成员——而且他们有充分的理由。

5. 注重细节，别让疏忽大意毁了整体效果

汪中求有一个关于细节的不等式：100-1≠99 100-1=0。如果疏忽大意，1%的错误会导致100%的失败。细节做不好，也会功亏一篑，影响整体汇报效果。

- 提前打印好书面材料，认真检查一遍，页码是否错乱、是否有空白页，确认无误后，再放在领导面前。
- 如果采取用PPT汇报，要提前在电脑上演示一遍，防止出现放不出、格式变动的情况。有视频、音频的，还要检查一下音响情况。
- 书面材料要记得标上页码，特别是页数较多的情况。不然的话，如果领导提出修改意见，想让大家翻到哪一页都比较困难。
- "好记性不如烂笔头"。汇报时要带个笔记本，如果不涉密的话，可以用手机或录音笔同步录音，以便会后修改、整理纪要等。

5.2.3 向下关系：五大行为推进团队建设

> 为了进行斗争，我们必须把我们的一切力量拧成一股绳，并使这些力量集中在同一个攻击点上。
>
> ——恩格斯

向下关系是领导力的主要任务，它是激发团队完成组织目标的过程。每一级领导者都应该是其下属工作、学习的楷模，通过领导行为推进团队建设，激发员工积极性、主动性和创造性的源动力。

一、以身作则（Leading by Example）

> 其身正，不令则行；其身不正，虽令不从。
>
> ——《论语·子路》

以身作则是指领导者要对其工作及团队成员做出表率、兑现其承诺的行为，这些行为包括尽其可能努力工作，且努力程度超过团队中的任一成员，对其行为设立更高的标准等。

村看村，户看户，群众看领导干部。领导干部普遍受人关注，言行无小事。一篇讲话、一次活动、一项决策、一个部署，甚至一餐饭、一杯酒、一项爱好，都会影响着周边、影响着社会，在一定程度上体现着组织的形象。一个团队的风气，在很大程度上反映了主要领导者的精神状态、思想境界和工作作风。良好的风气是自上而下形成的，是领导干部以身作则"带出来"的。

人不率则不从，身不先则不信。领导人员的以身作则在团队建设中起着非常关键的作用，对下属是一种无声的命令，而且此时无声胜有声，可以将组织的理念、政策、制度等具体化、示范化、模范化。这既是一种领导方法，也是领导者的一项重要职责。一旦员工认可了以领导行为为具体化的组织理念、政策的意义，认可了领导的能力，认知了以此固化的制度，就会遵从和模仿领导者以身作则的行为，进而也会逐渐提升员工自身能力，而组织的业绩也会在员工能力的不断提升中越来越好。

革命战争年代，我军的指挥员带兵打仗都冲在前面，喊"跟我上"，可以说是"身教重于言教"；而国民党军官则往往站在后面，让士兵"给我上"，可以说是"上梁不正下梁歪"。一字之差，天壤之别，人心向背，胜负立判。"跟我上"的带头冲锋，永远比"给我上"的命令有力。

二、信息共享（Informing）

道者，令民与上同意也，故可以与之死，可以与之生，而不畏危。

——《孙子兵法》

信息共享是指领导者及时将团队的战略、理念、目标、决策以及相关信息予以清楚地阐释，准确地传达给下属，使其能够充分理解团队战略，并确保其行为与整体目标保持一致。

一个有效率的团队是由一个共同的、令人信服的目标联系在一起的，这个目标是基于共同的价值观。在一个真正的团队中，整个团队成员会发自内心地相信，整个团队会一起成功或失败——如果团队输了，没有人会赢。

团队的战略目标需要分解成具体的任务由员工执行，所以领导者必须通过信息共享，不厌其烦地展示这些战略目标，让员工准确地知道组织要实现什么样的目标，为什么要实现这样的目标，具体要做哪些工作，该怎样做，在什么时间、什么地点、由谁来做，做到什么程度。

信息共享的关键是领导者与下属员工目标明确、步调一致、心有灵犀、同心协力。下属的个人目标能否与团队目标相一致，有多少下属愿意心甘情愿地去追随，是衡量领导者水平高低的标志。

遗憾的是，有些企业老板和员工考虑的是两个世界，呈现出"冰火两重天"的局面：老板时常参加总裁论坛、EMBA高端培训等，每天都想挺进世界500强，早日实现IPO；员工想过"两点一线"的简单日子，每天想的是早点下班，多发点工资，购置烟酒糖茶醋。这种你讲你的、他想他的"同床异梦"式的信息共享，导致老板越学习、越焦虑，员工越工作、越没有激情。

三、参与决策（Participative Decision Making）

众人所做的判断总比一个人的判断来得可靠。

——古希腊哲学家　亚里士多德

参与决策是指领导者倾听并平等地对待下属，充分利用团队成员所提供的意见建议进行决策的行为。这些行为包括鼓励团队成员表达他们的意见、群策群力确保决策的有效性等。

现在我们正处在一个分工高度专业化的信息爆炸时代，任何领导者都无法做到无所不知、无所不晓、无所不能，必须问需于一线、问计于员工、问效于下属，依靠团队力量、让团队成员参与决策，才能实现群策群力、共谋发展。领导者任何形式的说教，都不如让员工参与决策、自我做出承诺来得更有效、更持久、更有责任担当。让员工参与到决策中来，是实现领导"不穷于智，不穷于能"的唯一途径，也是调动员工积极性、主动性、创造性的最关键要素。比如，让员工参与自己工作目标的制定，更能激发活力；上级制定kpi，即便合理，员工也有"被强制做事"的感觉。

经济学家诺瑞娜·赫尔茨的研究结果表明，当积极鼓励团队成员公开表达他们的不同观点时，他们不仅会分享更多的信息，而且会更加系统地思考，从一个更加平衡而不是偏激的角度看待问题。

兼听则明，旁听则暗。一个善作为的领导者，应该是多说"元芳，你怎么看"，允许大家畅所欲言，鼓励不同观点的相互碰撞。只有这样，理才能越辩越明，才能实现问题共振、情感共鸣和智慧共生，才能更清楚地认识事情的本质。德鲁克深刻地指出，一项有效的决策必然是在"议论纷纷"的基础上做成的，而不是在"众口一词"的基础上做成的。

一个朋友说起他们单位的工作报告，写得很有水平，富有文学性，排比句多，理论素养高，也很有新意，但很难落地执行。原来，这个报告主要是思路超前的领导和富有才华的秘书两个人写的，好多具体工作在撰写过程中并没有跟责任单位进行充分沟通、让相关负责人参与决策。等到执行时，才发现好多措施脱离实际，无法落地。

一个好的工作报告作为今后一段时间整个单位的行动指南，不是领导一个人的独唱，而是集体智慧的结晶。判断好坏的关键不在于华丽的词藻，不在于奇思妙想，也不在于高深理论，最主要的是通天气、接地气、便于执行，前提是让相关人员参与决策，集思广益，形成共识。

四、教之以道/授之以渔（Coaching）

领导就是面对发展，能够见微知著、未雨绸缪、高瞻远瞩，给予正确的引领；面对问题，能够传道授业、解疑答惑、群策群力，给予精准的指导。

——中国邮政集团有限公司党组书记、董事长 刘爱力

教之以道是指领导者不失时机地指导、教育、点拨团队成员，并帮助其自立的行为。这些行为包括帮助下属认识和理解自己的工作，给出改善绩效的建议，找出需要培训的领域，给出正确的工作方法。

这里面有一个很重要的关键词就是"不失时机"，那么什么是"不失时机"呢？就是要牢记孔子的教导："不愤不启，不悱不发"，不到下属想弄明白而不得的时候，不去开导他；不到成员想出来却说不出来的时候，不去启发他。哪怕你坚定地认为自己是对的，也不要好为人师，到处给予指导。否则的话，年轻的不吃你那一套，年老的依老卖老，怼你一顿也有可能，只能是自讨没趣，自取其辱。

要知道，世界上最无效的努力，就是对人掏心掏肺、苦口婆心地讲道理。最有效的教育永远不是灌输，而是点燃。

五、关心他人（Showing Concern）

视卒如婴儿，故可与之赴深溪；视卒如爱子，故可与之俱死。

——孙子

关心他人是指领导者关心下属及员工成长、幸福、快乐及薪酬福利的行为。这些行为包括与下属及员工讨论他们关注的问题，与其进行谈心等。

主动服务，真诚地关爱下属。俞敏洪说："我的领导力主要是服务力。"在这个飞速发展的数字化时代，特别是市场竞争压力巨大的今天，员

工对情感的需求显得尤为突出。这时，领导要主动服务，努力成为员工思想上的排忧者，生活上的贴心人，可以快乐工作、幸福生活。只有真诚地关爱下属，才能有效发挥领导力，其发挥程度也由真诚程度所决定。当领导从员工的角度切实关注其需求和利益时，下属会认为领导是仁爱的、值得信任的，就会自由、主动地与领导者交流自己的想法和思想，这种准确而融洽的沟通会增强双方的了解和信任，也会使双方的合作更加默契。

注重物质激励，钱是可以放在桌面上谈的。人叫人干人不干，激励调动一大片。做到关心他人，还得来点实际内容，及时给干得好的人晚餐加个鸡腿，让他们满足物质需求，获得包括合适的工资、合理的福利在内的"薪酬"，这才是对员工最好的尊重。

"工资年年涨，房子年年盖。"只要有足够的激励，就可以创造足够的增长。美国哈佛大学管理学教授詹姆斯认为，如果没有激励，一个人的能力发挥不过20%～30%，如果施以激励，一个人的能力则可以发挥到80%～90%。长期低于行业平均水准的工资不可能创造一流的业绩，更造就不出来幸福快乐的员工。

尊重、信任与授权，为下属事业发展提供一片飞翔的天空。尊重、信任与授权是领导者对下属最大的关心，也是给予他们的最好福利。只有尊重、信任与授权，把各类人才配置到最能发挥作用的岗位上，做到"鸡司夜，狸执鼠，劳而无怨"，放手让下属去干，才能真正把一个人的活力充分激发出来。

5.2.4　左右关系：我的地盘我作主，莫动别人的奶酪

一切人际关系的矛盾，都起因于对别人的课题（可以理解为事情）妄加干涉，或自己的课题被别人妄加干涉。

——奥地利心理学家　阿尔弗雷德·阿德勒

"凯撒的归凯撒，上帝的归上帝"。最好的状态应该是各个单位、部门、个人都有明确的边界和职责，都有自己的一亩三分地，每亩地也有对应的责任人，天地各归其位，万物自然欣欣向荣。

"我的地盘我作主"，每个人都只对自己的课题负责，别人无权干涉，同时，也不要给别人添麻烦，更不要去干涉别人的课题，尊重别人的选择，照顾到各方的利益，不能不讲武德，把手伸得太长，耕了别人的田、荒了自己的地。

任何一件事情，都应该有人对此负责。如果将来出了问题，问责也一定是聚焦的，不能是问责两个人，只能是一个人。工作生活中的好多是非，怕就怕在有些人"抢人功劳，断人财路""种了别人的地，荒了自己的田""不扫自己门前雪，专管他人瓦上霜"，造成有些工作当有利可图时好多人抢着管、雨露均沾，当需要甩锅时争相推诿扯皮、敷衍搪塞。"当雪山崩塌时，尽管没有一片雪花是无辜的，但没有一片雪花觉得自己有责任"。而这种职责划分不清的严重后果，往往只能由主要领导者负责。

第六章
CHAPTER 06

支柱4：发现工作的意义，以奋斗激情超越压力

> 人类的一切热情（无论好的还是坏的）都是因他想使生命有意义。必须让他找到一条新的道路，让他能激发"促进生命的"热情，让他比以前更感觉到生命活力与人格完整，让他觉得活得更有意义。这是唯一的道路。否则，你固然可以把他驯服，却永远不能把他治愈。
> ——美国精神分析心理学家 艾瑞克·弗洛姆

人类和动物的一个重要区别是，人类是有灵性的，可以真切地感觉到事情的意义，而动物无法过有灵性的生活，其行为的意义只限于追求满足感和逃避痛苦。

6.1 让工作有意义，压力就是动力

> 生命之所以有意义是因为它会停止。
>
> ——奥地利作家　弗兰兹·卡夫卡

人活着是为了什么？人生的意义在哪里？在"理想很丰满，现实很骨感"的时代里，发现生命的意义，可以增强我们战胜困难的勇气和信心，还能让平淡的生活多些诗意和远方。

6.1.1 人生最重要的是发现生命的意义

> 有意义的事情即使价值再小，也比无意义的事有价值。
>
> ——瑞士心理学家　卡尔·荣格

《活出生命的意义》的作者维克多·E·弗兰克尔认为，人生最重要的是发现生命的意义。他本人经历就是20世纪的一个奇迹：纳粹时期，作为犹太人，他的全家都被关进了奥斯威辛集中营，他的父母、妻子、哥哥，全都死于毒气室中，只有他和妹妹幸存。弗兰克尔不但超越了这炼狱般的痛苦，更将自己的经验与学术结合，开创了意义治疗法，替人们找到绝处再生的意

义，也留下了人性史上最富光彩的见证。

根据弗兰克尔的观察，在集中营里惨无人道的生存环境下，决定人们生死的并不是身体的健康状况，而是活着的意义。那些最终活下来的人，可能为了家人，为了子女，甚至为了尚未完成的书稿。而那些感觉人生没意思、生活没有目标的人，通常会悲观失望，即使是身体健康，也会很快失去生活的意义。

弗兰克尔在书里反复提及德国哲学家尼采的一句名言："人们知道为什么而活，就能忍受任何一种生活。"

生活如果有意义，就算在困境中也能甘之如饴，让你时刻有活着、充盈的感觉；生活如果没有意义，就算在顺境中也度日如年、了无滋味。意义可以赋予我们生命别样的色彩。

上大学时有一次寒假返校，天降大雪，长途汽车全部停运，又适逢春运客流高峰，让我遭遇了有生以来最挤的一次乘车经历：那种挤，不只是人挨人把你挤得脚离地而不倒，不只是厕所里都站满了人，不只是冬天能挤出夏天的感觉，而是比这更困苦的感觉……

火车时刻已经全面晚点，而且晚点时间显示不确定。好不容易等来了一趟火车，带着希望奔向站台时，我和我的小伙伴们都惊呆了：火车居然到站不开门！车窗玻璃近一半已被人打碎！下车的乘客要从车窗爬出去，上车的乘客要从车窗爬进去！车窗旁边守着几个身体强壮的大汉，俨然把车窗当成了收费站，理直气壮地对站台上的乘客说："一人交5元钱，我拉你们上来。"我和同行的小伙伴就是被这样拉上车的，当然大多数乘客是有票上不了车。几分钟后，火车无情地抛下站台上望眼欲穿的乘客开走了。

一路舟车劳顿，同行的同学苦不堪言，唯独我不觉得太苦。因为当时正在做学生记者的我，受路遥创作《平凡的世界》的精神所感染，给自己这次旅行赋予了特别的意义：做一名记者就必须体验生活，这次乘车经历正是丰富人生体验的最好机会。这么一想，被挤得喘不过气的苦恼立马消失了大半。

遗憾的是，现在越来越多的人不知道自己活着的意义是什么。无意义感像感冒病毒，无孔不入地侵袭着每个人的心灵，严重者还可能会选择自杀。

清华大学彭凯平教授研究表明，自杀最突出的三个原因竟然都与意义相关：

·活得不开心。那说明，开心就是生命的意义之一，是基本成分。

·失恋、失去人际关系。人际关系也是生命的意义。人活一辈子，就是跟周围的人发生联系。感情是人的一种生命意义。

·活得没劲，没有意义。这说明意义感也是生命的基础成分，人总要去找我这一辈子活着是为了什么。

6.1.2 有意和无意做同一件事，效果大相径庭

无论做什么事，动脑筋改进的人与漫不经心的人相比，时间一长两者就会产生惊人的差距。

——日本企业家 稻盛和夫

当你有意做一件事时，是一种主动行为，是为了印证你的观点，你意识到自己在做什么，自己想要从中得到什么，拒绝与接受什么，这样将会更多地体验生命，实现更快的自我成长。美国管理学者蓝斯登说："一旦在某些事情上投入了心血，带着明确的目的去做事，就可以减少重复，这样就能够大大提高工作效率。"

当你无意做一件事时，是一种被动行为，像京剧《三岔口》表现的那

样，工作面上干得带劲、热火朝天，但实际上只是胡乱比划，捶胸顿足，无的放矢，效率很低。

虽然我们平常说"有心栽花花不开，无心插柳柳成荫"，咋一听好像有心还不如无心好。事实情况永远是，"有心栽花"要比"无心栽花"成功的概率要高得多，"有心插柳"也要比"无心插柳"成功的概率要高得多。国际积极心理学学会理事任俊教授的研究证实了这个观点，积极心理学是有意地研究人的积极，和无意的研究相比，这种有意带来的结果和效果完全不一样。

喝一样的好葡萄酒，对有意者和无意者进行磁共振成像扫描。发现人大脑的加工方式就不一样，人的感觉也不一样。所以会喝红酒的人，都是有意者，他们从来不是举杯畅饮，这样喝的红酒是没有灵魂的。正确的打开方式是这样的：打开后先不要直接喝掉，而是放置一旁"醒一下酒"，使红酒与空气接触，让红酒在空气中发挥，进而有更好的口感与味道；喝的时候，不要用手触碰杯肚子（手掌的温度会改变酒的口感），不要大口大口喝，而是用杯子口压住下嘴唇，慢慢将杯子上扬头部自然后仰，一次抿一小口，细细体会红酒的醇香浓郁，回味酒在口中的美好感觉。

孩子没有意识到青菜萝卜对自己有好处，就是不太喜欢吃，但是，意识到后就会有显著的不同，这是因为他们由无意者变成了有意者。比如，告诉小孩这萝卜和青菜不是从楼下菜市场买的，而是从特别的场所买来的，是一种纯天然有机食品，没打过任何农药，没上过任何化肥，是农民伯伯一根一根精心挑出来的，特别是孩子吃了之后可以变得聪明、变得漂亮，记忆力更好。虽然萝卜还是萝卜，青菜还是那捆青菜，但是，孩子吃起来的感觉就会很不一样，显得有滋有味。

6.2 成为自己人生的"意义塑造师"

> 即使没有月亮，心中也有一片皎洁。
> ——《平凡的世界》作者 路遥

人生有没有意义，有多大意义，关键是惯常的思维模式。你的思维反映了你是如何解释目前的情况的，你从它们当中找到怎样的意义。我们每个人都要成为自己人生的"意义塑造师"，从日常生活情境中更加频繁地发现生命的意义。

6.2.1 看见生活之美

> 感知美的能力，是一切馈赠中最高的礼物。
> ——奥地利画家 埃贡·席勒

2007年1月12日，这是一个普通工作日，星期五的早晨。

在华盛顿的一个地铁站里，一位男子用一把小提琴演奏了6首巴赫的作品，共演奏了45分钟左右。他前面的地上，放着一顶口朝上的帽子。显然，这是一位街头卖艺人。

没有人知道，这位在地铁里卖艺的小提琴手，是约书亚·贝尔（Joshua Bell），世界上最伟大的音乐家之一。他演奏的是一首世上最复杂的小提琴作品，用的是一把价值350万美元的小提琴。

大约4分钟之后，约书亚·贝尔收到了他的第一笔小费。一位女士把这块钱丢到帽子里，她没有停留，继续往前走。

6分钟时，一位小伙子倚靠在墙上倾听他演奏，然后看看手表，就又开始往前走。

10分钟时，一位3岁的小男孩停了下来，但他妈妈使劲拉扯着他匆匆忙忙地离去。小男孩停下来又看了一眼小提琴手，但他妈妈使劲地推他，小男孩只好继续往前走，但不停地回头看。其他几个小孩子也是这样，但他们的父母全都硬拉着自己的孩子快速离开。

到了45分钟时，只有6个人停下来听了一会儿。大约有20人给了钱就接着往前赶路了。

约书亚·贝尔总共收到了32美元。要知道，两天前，约书亚·贝尔在波士顿一家剧院演出，所有门票售罄，座无虚席。而要坐在剧院里聆听他演奏同样的那些乐曲，平均得花200美元。

当世界上最好的音乐家，用世上最美的乐器来演奏世上最优秀的音乐时，如果我们连停留一会儿倾听都做不到的话，那么，在我们匆匆而过的人生中，又会错过多少美好事物呢？

是的，生活中不是缺少美，而是缺少发现。我们常常会犯下无意识的熟视无睹的毛病，对身边的美好和目前的拥有视而不见，似乎认为一切都理所当然。要想活得幸福满足，关键是要用美的眼睛，积极关注生活中的一点一滴，感受柴米油盐中的美好瞬间，享受发生在自己身上的"小确幸"。这样，寻常光景里也能开出绚烂的花，琐碎生活中也能结出丰硕的果。比如：

· 伴着"火车马上就要发车了"，你用飞一般的速度，终于在即将关门的那一刻登上了火车，这是一种"小确幸"；

· 排队时，你所在的队动得最快，比同一时间排在其它队伍的人早一点达到，这是一种"小确幸"；

· 自己一直想买的东西，一直买不到，一天偶然在小摊便宜地买到了，

"踏破铁鞋无觅处，得来全不费功夫"，这是一种"小确幸"……

泰戈尔有句名言："教育的终极目标，就是学会面对一丛野菊花而怦然心动的情怀。"从微小事物中感知美，是一种能力，是一切馈赠中最高的礼物。当你具备这种能力时，会发现自己离幸福又近了一步。欣赏最美的风景，不用长途跋涉，无需到风景名胜区，就在当下、在路上、在自己身上。

1. 最美的风景不在明天，而在当下。

曾国藩说："物来顺应，未来不迎，当时不杂，既过不恋。"未来不可预测，过去的事不必纠结，当下才是最要紧的事情，也是最美丽的风景，其他的都是浮云。

一位渔夫过着平静有规律的小日子，出海打渔一天，回来在沙滩上晒太阳一天，然后再出去打渔，如此反复。

一天，一位富翁告诉他，你可以先每天都出去打渔，赚了一笔钱后，买艘大渔船，再雇几个人，然后就可以天天坐在沙滩上晒太阳了。渔夫听到后反问他："请问我拼命赚钱买艘大渔船的目的是什么？"富翁说："是为了以后好好晒太阳。"渔夫回答："难道我现在不是在晒太阳吗？"

富翁拥有渔夫奋斗一生也得不到的财富，"路边的乞丐拥有君王奋斗一生也得不到的安逸"。每个人都有自己的小确幸，关键是珍惜当下的幸福。

2. 最美的风景不在尽头，而在路上。

阿尔卑斯山谷有一条汽车路，两旁景物极美，路上插着一个标语牌劝告游人说："慢慢走，欣赏啊！"现代人的生活节奏很快，许多人在这车如流水马如龙的世界过活，匆匆忙忙急驰而过，无暇回首流连风景，于是这丰富华丽的世界便成了一个无趣的囚牢。

木心有句很著名很温馨的诗，"从前的日色变得慢。车，马，邮件都慢。一生只够爱一个人。"慢也是一种美丽。我们要让自己慢下来，带着一种真诚的态度，细细欣赏品味生活中那些平平无奇却实际很值得我们享受的小片段。

比如，上班路上，如果没有特别要紧的事，看一看周围的风景，你会发现，生活其实并不单调，虽然是同一条路，然而一年四季风景却各有不同。说不定哪天诗兴大发，还会涌出像《嗅梅》一样的创作灵感，"尽日寻春不见春，芒鞋踏破岭头云。归来笑拈梅花嗅，春在枝头已十分。"

3. 最美的风景不在别人，而在自己。

我们要珍惜自己拥有的一切，健康、事业、家庭、友情等，别认为一切都理所当然，哪怕它们看起来算不上完美。人啊，从来都是在拥有的时候不以为意，失去错过了才追悔莫及。

好多人常常把健康身体当成理所当然，认为是生命标配，直到生病或即将失去时，才发现没有好好珍惜。作家史铁生曾写道："生病的经验是一步步懂得满足。发烧了，才知道不发烧的日子多么清爽。咳嗽了，才体会不咳嗽的嗓子多么安详。终于醒悟：其实每时每刻我们都是幸运的。"

6.2.2 仪式感是一件很重要的事情

仪式感是一件很重要的事情，它是对生活的重视，它让生活成为生活而不是简单的生存。

——日本作家 村上春树

日复一日，年复一年。人生路漫漫，不仅需要"平平淡淡才是真"，也需要制造一些看似无用的仪式感，见证人生的重要时刻，让平淡无奇的生活荡起涟漪，使单调乏味的时光绽放光彩。

1. 仪式感是一种昭告天下的公开承诺，具有强化信念的作用。

曾在知乎上看到过这样一个问题："为什么有些人需要仪式感？"

仪式最重要的意义在于以昭告天下的形式来昭告自我，实现对自我内心的确认。

以结婚为例，作为人生中的一件大事，从来不是像谈恋爱这么简单，脱口而出"我爱你一万年"，而是要经过求婚——领证——结婚酒席一系列繁琐复杂的嫁娶仪式，并让亲朋好友来见证这一人生重要时刻，才算"明媒正娶"。这种公开承诺具有的社会约束力比悄悄暗恋一个人要强大得多，而且见证人越多，约束力就越强大。

相关研究表明，结婚仪式可不是形式主义，办不办无所谓，尤其是对女性朋友更是如此。要知道，结婚仪式是走心的，对日后的婚姻幸福具有正相关作用。

在结婚仪式上，有一项必不可少的环节就是交换戒指，并亲手为对方戴上。这其中的意义就在于，一是表达新郎与新娘之间彼此尊重、彼此相爱的纯净爱情，一生只爱一人，同时，还有另一层含义，那就是对婚姻的承诺以及约束。戴上这个独一无二的婚戒，双方之间就形成了一种契约。因为人的意志力本身是非常有限的存在，有些时候，一旦稍微松懈，就会开始放任和放纵自己。当你对其他异性再有想法的时候，婚戒就是一个很好的警醒和约束，可以时刻提醒你有一个家庭和需要承担的责任，做到洁身自好。

2. 仪式感带来"太阳每天都是新的"，可以让生活更美好。

《小王子》里有一句经典的话："仪式感，就是使某一天与其他日子不同，使某一时刻与其他时刻不同。"因为有了阖家团圆、守岁祈福等仪式感的存在，春节就成为我们恭贺新年的隆重节日，复苏文化的重要时刻，寻找心理慰藉的源头活水，整装出发的加油站。但是，如果没有仪式感，春节很可能就成了一个普通的七天长假。

为让节假日变得美好，实现幸福增值，可以通过私人定制的方式，增加一些仪式感：

·要有活动。过一个幸福、有价值的节日一定要有活动。生命在于运动，幸福在于行动。这个活动应该是成员能够广泛参与、可以进行双向互动的。

·要有感情。节日是我们家庭团聚、亲人相会、朋友见面的时节，这时的感情活动永远是我们人类身心体验中最强烈、最值得回味的。

·要有完美的巅峰体验。真正的完美体验，不是简单的保证体验质量，而是要让体验超过他人原本的预期，关键是设置一些巅峰体验点。

·要有记忆。要尽量留下一些值得记忆的事情，比如说：照片、摄像、录音、日记、笔记、感言、小纪念品或者微信、微博等。这些资料当时可能没什么感觉，将来有一天朝花夕拾时，就会有一种特别的美好。

·要有意义。无论是过节还是平常的生活，如果能找到其价值和意义，往往是最能让我们体验幸福的时候。比如，光海吃海喝一顿是不够的，还要加入一些文化元素，让节日变得更有价值和意义。

3. 仪式感可以强化职业神圣感，有利于提升团队凝聚力。

互动仪式链理论认为，仪式过程中需要统一的互动符号和成员的情感共享，通过现场聚集后的互相分享和感染，共同的关注可以拉近成员之间的人际距离，有利于建立和谐的人际关系、增多积极的情感体验。

在合适的时间节点举办一些有仪式感的事件，比如在新员工入职时举办欢迎仪式，老员工离职时举办欢送仪式，员工取得优异成绩时给予大张旗鼓地表彰奖励，出现违法乱纪的行为及时进行警示教育等，这是很多单位加强团队建设的有效载体，很有人情味，也很有成效，可以放大事件本身的意义感，让员工感到自己被郑重对待的感觉，进而也会更加郑重地对待公司事务，增强工作的使命感和责任感，提升团队的凝聚力和战斗力。

有一句话叫做"最潮的时尚是工装,最牛的红人是工匠"。工装就是职业仪式感的重要符号和载体。工装不同于时装,洋气不洋气不重要,关键是符合职业身份,做到形象统一,适合的就是最好的,统一就是先进的。当你穿上整齐划一的工装,走上工作岗位的时候,就会给人一种"正规军"的感觉,你自己也会提醒自己现在已进入工作状态;即便你走在大街上,也会有一种自我约束意识,"一言一行树公司形象,一心一意为客户服务",我不仅仅是我自己,还代表着企业的形象,不能太随意!

6.2.3 赋予工作不一样的意义

即使是在最受限制、最乏味的工作中,员工一样可以为工作赋予新的意义。

——美国心理学家 艾米·瑞斯尼斯基、简·达顿

知乎上有个问题:为什么上班都是坐着,还会感觉疲惫不堪?大部分的办公室行政人员基本上都是坐一天,偶尔签字找领导、去财务报个账走动几下,很少有大量的走路或者体力上的劳动。运动量很大的应该是大脑、嘴巴和手,比如思考、沟通、写作之类,但是一天下来却感觉身心俱疲!记得以前上学的时候,家里大人有说,用脑过度也会瘦,意思就是大脑用得多了也会消耗脂肪,其实也算是一种运动量。但是以前是不累的,只是表现得很能吃。现在下班了基本上都快瘫了!是老了体力不好了?还是其他原因?

你觉得上班疲惫不堪但又说不出个所以然,根本原因在于:你其实心里很清楚你每天做的事情毫无意义。人本能排斥没有任何创造性和成就感的东西,尤其反感机械性重复的活动。对于工作,也是一样,你的身体反应比你诚实。

有一种心理学效应叫不值得定律,说的就是这个道理:一个人如果从事

的是一份自认为不值得做、没有意义的事情，往往会敷衍了事，这样，事情就很难做好，也没有成就感。

心态决定成败。从心里认同你的工作值得去做、很有意义，这是一件非常重要的事，哪怕自己从事的工作在外人看来微不足道，苦哈哈，穷哈哈，但是，当我们发现自己不是为了生存，而是为了某种召唤而劳动时，就能忍受在工作中暂时出现的厌倦、单调或烦闷等情绪，进而产生一种高尚、积极而丰富的体验，也可以从工作中获得更多的幸福感。

相关研究还发现，意义对于公司有很大的价值，工作很有意义的员工每周会多工作一小时，每年带薪休假会少两天。单纯就工作时间而言，公司会发现，那些在工作中更能找到意义的员工会投入更多的工作时间。然而，更重要的是，认为工作很有意义的员工明显拥有更高的工作满意度，而这又与提高生产率有关。

赋予工作的意义还有助于公司吸引人才、留住人才。《哈佛商业评论》曾对2000多名受访者进行了调查，发现了这样一个结论：平均而言，研究中的美国员工表示，他们愿意放弃未来一生收入的23%，以换取一份总是有意义的工作。考虑到人们愿意花更多的钱在有意义的工作上，而不是把钱花在住房上，21世纪的基本需求清单可能要更新为："食物、衣服、住所——以及有意义的工作。"

案例　一封信，一颗心

现在社会发展很快，在一些大城市，不少人认为邮递员的工作又苦又累，待遇低，又没啥技术含量，造成投递员流失率一直居高不下。但在上海邮政邮递员叶其懂看起来，这是一件很值得去做好的工作，一直乐此不疲。

在投递工作中，按址投递还容易，最怕的是邮件地址不准确，尤其是上海这种国际化城市改造步伐加快，本地人口流动增大，外来人口加速导入，做好投递工作难度更大。每天投送的大量邮件中，时常会有地址不正确、门牌号码缺失的"疑难"邮件，按邮政企业规定，这些邮件是可以退回的。

"一封信，一颗心"。在叶其懂看来，每一封信都不是简单的一封信，而代表着一颗心，承载着亲情、友情、爱情、商情，寄托着用户的期盼和邮政的承诺，所以，他就无论如何都要想法帮这些"迷失"的邮件找到"主人"。

为了准确投递，他经常利用休息时间到投递邮路熟悉地形，及时掌握每幢楼房、每户人家、每所学校、每个商家的变动情况，一一记录在随身携带的小本子上，做到了然于心。

曾经有一封信，收件人地址仅用外文写着"光复西路"和"16室"，未写多少弄、多少号。于是他先凭经验推断，"16室"应该是室号的楼层，然后采用排列法，在投送完信件后到光复西路上十八层高的公寓一家家询问，从第一幢楼的16楼找起，连找了3幢楼都没有找到。找到16号楼时，为排除16这个数字可能是楼号的因素，几乎问遍了楼内的所有住户，仍然没有任何线索。但他依然没有放弃，凭着一股"轴"劲儿，最终在某号楼的1603室找到了收件人——一位外籍教师。

20多年来，作为一名上海邮递员，叶其懂骑行在上海街头，摸索出"倒查法""网络搜寻法""判断法"等工作法，先后复活这样的"死信"4800多封，先后获得全国劳动模范、全国五一劳动奖章等荣誉。

启示： 由于工作的关系，我曾经与全国邮政系统10多个像叶其懂这样的全国劳动模范交流，他们工作在邮政营业、投递等一线，工作平凡得不能再平凡，普通得不能再普通，但是，他们都在平凡的岗位上做出了不平凡的业绩，在普通的岗位上做出了不普通的贡献。

在与他们聊天的过程中，我发现他们身上都有一个共同的特点，他们将自己看似单调重复的工作赋予了不一样的意义，他们认为自己的工作不仅是送信送报或者收寄包裹，而且是在连通世界，传递美好，满足人民群众日益增长的美好生活需要。"情系万家，信达天下"是中国邮政的企业使命，他们就是这么做的，还发自内心地认为就应该这么做。意义激发他们对工作的热爱，他们很享受工作的感觉，即便没有人给分配工作任务或非工作时间，他们也总能找到该做的事情，每天有意识地刻意提升，比如，练习在更短的时间数更多的报纸、打更多的字等，通过自我加压、自我激励，不断向着更高、更快、更好、更强的目标努力，也促进了他们工作水平的持续精进提升。

6.2.4 干工作要有一点使命感

每天早上去办公室，感觉正要去教堂，去画壁画。

——美国企业家 沃伦·巴菲特

心理学家埃米·瑞斯尼斯基认为，人们对待工作按照从低到高有3种方式，也会有截然不同的境遇和结果：

· 任务：在这种情况下，每天上班是因为他必须去，工作只是达到目的的手段（养家糊口），心情沉重，处于"要我做"的层次。除了薪水之外，他期盼的就是节假日了，他认同"黑色星期一，木讷星期二，平静星期三，小喜星期四，快乐星期五"的说法。

· 职业：除了注重财富的积累外，也会关注事业的发展，比如权力和声望等。关注的是下一个升职的机会，比如从讲师到副教授再到教授，从科长再到处长等。当升迁停止时，就开始去别的地方去寻找满意与意义。

· 使命：工作本身就是目标，使命感使人幸福，处于"我要做"的层次。薪水和机会固然重要，但更重要的是想要这份工作。他们的力量源于内在，对工作充满热情，也在工作中感到了充实和快乐。工作对他们来说是恩典，而不是折磨。

诚如前国家女足守门员高红所说，"**每次训练，都会早去一会儿，趴在草地上闻一闻那草香，真正享受足球与生命给自己的快乐！**"那些以工作为使命的人，将工作视为一项神圣、高尚的事业，每天迫不急待地睁开双眼，赶快去享受工作的乐趣。这时，他们的心灵就会发生奇妙的化学反应，进而产生强大的精神动力，并能从中找到快乐和幸福。这种工作本身就能带来满足感，跟工资或升迁无关。当没有工资、不再升迁时，工作仍然能快乐进行。

传统上，事业是非常有地位的工作，如法官、医生、科学家、教师等；但研究显示，任何工作都可以成为事业，而任何事业也都可以变成工作。当事人对待工作的方式有时候比工作本身更重要。

有这样一个故事，讲的是约翰·F·肯尼迪访问美国宇航局太空中心时，看到了一个拿着扫帚的看门人。于是他走过去问这人在干什么。看门人回答说："总统先生，我正在帮助把一个人送往月球。"显而易见，这位看门人没有单纯把自己看成一个打扫卫生的，他具有宏大的视角，能够看到自己的工作与宏伟蓝图之间的关联，认为自己的工作是为载人登月计划提供服务和支撑的，具有相当不一样的价值。

6.2.5 我的工作我作主，自在是最好的状态

生命诚可贵，爱情价更高。若为自由故，两者皆可抛。

——匈牙利诗人　裴多菲

平常，我们应该都会有这样的一种感受，外出旅游时，到一个周围都

是陌生人的地方，虽然人生地不熟，但往往会觉得更自在。这是因为，没有人认识我们，也没有人对我们有任何标签，我们不必强装欢笑，也不必活在别人为你设定的角色里，这是一种更接近真实的感觉，更容易让人放松下来。

我们出差时，也会喜欢自己一个人住一个单独的房间，这也是因为，忙碌了一整天，我们需要充分休息以补充体力和能量。当与别人合住时，出于礼貌等原因，我们要考虑别人的生活习惯，来调整自己的作息方式。而当一个人住时，就可以是更加真实的自我，让自己真正放松一下，美美地睡上一觉。

常言道，自在是最好的状态。有没有对工作生活的自主权，对自我幸福体验非常重要。一个增强幸福感的方法，就是增加有自主权的事，并减少不可控的事情。这样就意味着你可以选择自己想过的生活，做符合天性的事情，持续的内在动力会更足。

在一项针对824名美国青少年的研究中，希斯赞特米哈伊把休闲分为主动和被动：玩游戏和从事自己的爱好是主动的休闲，一切都在掌握中，想玩就玩，参与的过程中，39%的时间里会体验到福流，而只有17%的时间里会有消极情绪；看电视和听音乐是被动的休闲，播什么就得听什么，参与的过程中，只有14%的时间里会体验到福流，却有37%的时间里会感到冷漠。所以选择主动地还是被动地使用我们的休闲时间就很重要了。

对个人来说，就是多做控制圈里的事，扩大控制圈的范围。相关研究表明，我们面临的大大小小的事情，按照影响程度，可以进一步细分为控制圈、影响圈、关注圈这三个类目（见表6-1）。

表6-1 控制圈、影响圈、关注圈的区别

	特点	处理原则
控制圈	是"我"能够控制的；比如早上几点起床，今天的日程安排，吃饭吃什么等。	集中注意力处理控制圈的事情，尽可能多地分配自己的时间在控制圈。这样往往是增加了自己的自信心，以及因为做的事情获得良好反馈，从而可以做更多的事情，扩大了自己的控制圈，可以让你的生活更有意义。
影响圈	是"我"不能够控制的，但是会产生影响力；比如所在团队会议的决定，比如我所参与的项目的决策。	分配一定时间来处理影响圈的事情，在自己的精力允许范围之内来处理，如果有和控制圈相关的事情，可以发挥自己的积极影响力，这样，可能会使得影响圈的事情可以进入控制圈。
关注圈	是"我"在乎的、关心的，但我对它的走向没有控制力，影响力也微乎其微，比如世界没有战争，社会更加公平等。	分配一定时间来参与关注圈，调整自己的心态，不因关注圈的事情走向自己不愿意的方向而产生消极情绪，积极看待。

对组织来说，就是扩大决策范围，让员工有更多自主权。德鲁克说："21世纪企业应该让每个人都成为自己的CEO。"一个团队，如果能找出手下人的优势，并让他们把优势施展开来，那么死气沉沉的团队氛围就会变得生龙活虎，生产力水平自然也会大幅提高。因此，如果你是老板，请选择个人优势与工作需求相配合的人，做到人才其能；如果工作压力无法改变，那请设计出能使下属有更多选择权的意境，授权他们可以在目标范围内自己做决定。塞利格曼还建议，请一周保持5个小时作为"发挥个人优势的时间"，尽量给员工分配能施展他们优势的任务。

海尔首创于2005年的人单合一模式变革，可谓中国第一个走向全球的原创管理模式，被物联网之父凯文·阿什顿称之为"最接近物联网本质"的商业模式，其本质就是以"人的价值第一"为宗旨，给人以尊严，尊重每一位员工身上蕴藏的创新潜力，赋予每一位员工自主创新创业的机会，让员工成为创客，创客可直面用户需求，自组织为小微、链群满足用户，并创造价值。

"人人都是自己的CEO"，小微独立拥有决策权、用人权、薪酬权，以最大的自由度直面市场求生存、求发展，以实战方式培养、训练、检验最适合的业务管理者。海尔生物医疗的总经理刘占杰原来是大学教师，后来加入海尔做技术研发人员，在发现可以用物联网技术对传统医疗储存设备进行改造的市场机会后，他毅然联合团队创立小微公司，并于2019年登陆科创板，仅仅两年时间公司的市值已经增长300%，成为行业内的龙头企业。

6.2.6　心中有目标，脚下有力量

> 一心向着目标前进的人，整个世界都会为他让路。
>
> ——美国思想家　爱默生

我们惊叹于国家大剧院的壮观美丽，这座外观呈半椭球形的巨大建筑，位于祖国心脏位置天安门广场西边，东西方向长轴长度为212.20米，南北方向短轴长度为143.64米，总建筑面积约16.5万平方米。2008年获"鲁班奖"，2009年入选新中国成立60周年"百项经典暨精品工程"。

一个好的建筑工程，在开工之前，一定会有一个好的施工图纸，必定有清晰具体的规划目标：何时开工，何时结束，地基挖多深，如何布局，哪里设置歌剧院，哪里设置音乐厅，哪里设置停车场，需要多少停车位，需要多少工人，多少土方，造价多少，建成后会是什么样子，如何与周围建筑形成整体和谐美等？这些都将直接影响着整个建筑工程的质量和效果。

如果没有开工之前的精心设计和施工规划，而是边施工边安排，"骑驴看唱本——走着瞧"，即使施工人员是能工巧匠，工程质量也会一塌糊涂。

大家知道，"德国制造"是响当当的品牌，人们往往自然地将其与产品质量上乘划上了等号。小到螺丝刀，中到汽车制造，大到大型建筑工程，大

家都认为德国制造质量杠杠的。但是，德国制造如果没有很好的规划设计，也会陷入泥潭而无法自拔。

据2019年《新民晚报》的一则新闻报道，盖了13年仍然没盖完的柏林勃兰登堡机场，近日又传噩耗，在建中的二号航站楼出现众多问题，部分已建成的建筑面临拆除。

8月底，一份对勃兰登堡机场二号航站楼监测报告显示，整个建筑中大约存在着250处问题。这些问题涉及管线、墙面等各方各面。为了"修正"这些问题，将不得不对一些已经建成的部分进行拆除重建。

就在几个月前，工程负责人还信誓旦旦地坚称机场一定会在2020年如期竣工开业。"这次我们一定能做到！我们有一个明确的时间表，我们已经准备好了应对各种风险的措施。"

要知道，勃兰登堡机场早在2006年就开工建设，原计划是2011年就要投入使用的。如今，距离开工已是第13个年头了，机场何时竣工仍遥遥无期。让我们来一起看看这13年里这座机场到底遭遇了什么——

- 2006年9月5日，勃兰登堡国际机场正式破土动工，预计2011年10月30日启用
- 2010年，设计公司破产，启用日期推迟
- 2012年5月，因机场防火设施不合格，启用日期被再次推迟
- 2015年，由于天花板装载了过重的排烟风扇，基于安全隐患，机场施工被再次叫停
- 2016—2017年上半年，由于种种原因，施工时间再次延长，机场运营方一再表示新机场将在2017年底投入使用
- 2017年9月，风险管理经理预测柏林机场的最早运营时间将推迟到2021年

13年了，虽然柏林人民始终没能用上漂亮的新机场，但他们收获了更重要的东西——无与伦比的耐心。

第六章 | 支柱4：发现工作的意义，以奋斗激情超越压力

为什么一座机场能盖个13年仍未完工？普华永道曾在一份评估报告中这样写道：这座航站楼竟然从规划开始就没有可靠的参考数据，在规划过程中，也没有确定二号航站楼究竟每日需要接待多少旅客，没有确认该航站楼究竟需要建设多少个安检口，甚至连这栋楼究竟要盖几层都没定下来。这一切导致的后果是，二号航站楼的结构被各种调整，面积从最初的15000平方米扩大到23000平方米，其他大大小小的改动也络绎不绝。

今年3月，德国莱茵集团曾对二号航站楼进行过一次评估。在最终提交的61页报告中，提及工程中存在诸多问题。比如消防系统的安全电缆就存在多大1万多处的安全缺陷。要知道，这还是机场进行过自检后再进行的评估。据称，机场自检时发现的问题比报告中的数字高出了整整4倍。在这份报告的结尾，德国技术监督协会这样写道："目前看来2020年10月开门迎客，只能是机场方面美好的愿景。"

建筑工程错了，或许还有补救的机会，大不了拆了重来，但是，人生是一条单行线，每一刻都是现场直播，具有100%的不可逆性，所以更需要明确目标，规划未来。纵使你现在整天搬石头，心中也要有一座大教堂。你心中的目标，决定了你将度过怎样的人生。

哈佛大学曾进行过这样一项跟踪调查，对象是一群意气风发的哈佛大学毕业生，他们的智力、学历、环境条件都相差无几。在迈出校门之前，哈佛大学对这些青年才俊进行了一次关于人生目标的调查。结果发现：27%的人，没有目标；60%的人，目标模糊；10%的人，有清晰但比较短期的目标；3%的人，有清晰而长远的目标。

转眼之间25年过去了，哈佛大学再次对这群学生进行了跟踪调查（见图6-1）。结果如下：3%的人在25年的时间里朝着一个方向不懈努力，几乎都成为社会各界的成功人士，其中不乏行业领袖、社会精英；10%的人，不断实现人生的短期目标，成为各个领域中的专业人士，大多数生活在社会的

中上层；60%的人安稳地生活与工作，但没有什么特殊的成绩，几乎都生活在社会的中下层；剩下27%的人没有人生目标，做事没有规划，"脚踩西瓜皮，滑到哪里是哪里"，生活得很不如意，并且常常抱怨他人、抱怨社会、抱怨这个"不肯给他们机会"的世界。

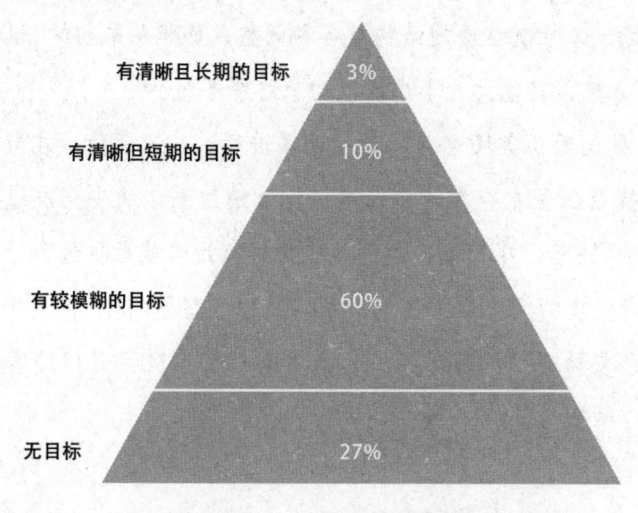

```
          有清晰且长期的目标    3%
         有清晰但短期的目标    10%
           有较模糊的目标      60%
                无目标         27%
```

图6-1 哈佛大学调查结果

荀子讲，"干、越、夷、貉之子，生而同声，长而异俗，教使之然也。故木受绳则直，金就砺则利。"作为同门师兄，当年这群学子走出哈佛校门时，基本是站在同一起跑线上，可谓"生而同声"，但是25年过去了，大家发展参差不齐，可谓"长而异俗"，发展好的同学风生水起，发展差的同学原地踏步，甚至一天不如一天。

这个案例充分表明，有没有目标，人生大不相同。当我们有了这种目标感时，那种感觉就像听到了"真我的呼唤"，可以让人目无暇顾，奋力奔跑，最终超越自己的家庭、血缘、环境，挣脱时代的束缚，创造出让人刮目相看的业绩，推动社会的进步和人类的发展。而没有目标的人则是杂乱无章的，哪怕起步起点很高，看似很忙，其实是无头的苍蝇，东碰西撞，做的是无用功，最后的结果往往是赢在了起跑线，输在了终点站。

6.2.7 跳出舒适区，主动寻求挑战

我们每个人的成长过程，都是舒适区在不断扩大的过程。

——心理咨询师　武志红

心理学研究认为，人类对于外部世界的认识可分为三个区域：舒适区（comfortzone）、学习区（stretchzone）和恐慌区（stresszone），详见图6-2。

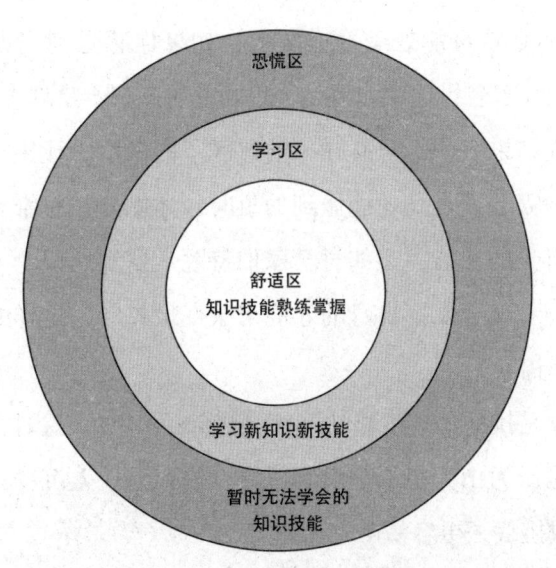

图6-2　人类对于外部世界的认识分为三个区域

最里面一圈是"舒适区"，对于你来说是没有学习难度的知识或者习以为常的事务，每天处于熟悉的环境中，做熟悉的的事情，和熟悉的人交际，感觉得心应手，轻车熟路。但这对你并不是好事情，正如苹果前副总裁Heidi Roizen所说的那样，"如果你做的事情毫不费力，就是在浪费时间"。这时，你就要给自己订个新的目标，来主动打破成长的天花板，以实现持续精进。

中间一圈是"学习区",对你来说有一定挑战,稍感不适,但是不至于难受。学习区里面是我们很少接触甚至未曾涉足的领域,充满新颖的事物,在这里可以充分地锻炼自我,提升自己,也更有成就感。当你前进受到了阻碍,然后一举击破,才会得到成功的喜悦和快感!若是一开始就是宽阔大道,你将得不到任何成就感。

最外面一圈是"恐慌区",超出自己能力范围太多的事务或知识,像读天书一样,密密麻麻,感觉头晕,不堪重负,心理感觉会严重不适,甚至可能导致崩溃。比如,让一个没有一点英语基础的人直接研读外文资料。

想一想,现在的你对工作的感觉处于什么状态?如果你感觉很轻松,不费吹灰之力,那么就可能处于舒适区中;如果你感觉到压力很大,疲惫不堪,那么就可能处于恐惧区中。但是,这两种状态都不是理想的状态。

心理学研究结果表明:只有在"学习区"内做事,让挑战的难度和自身能力相匹配,做需要费点劲才能做到的事时,才能开拓思维和视野,激发潜力,充分发挥自身的才能。正如哲学家伯特兰·罗素所说,"真正令人满意的幸福总是伴随着充分发挥自身的才能来改变世界",这样的人生最充实、最有意义、最幸福。

具体来说,是挑战的难度略比能力高出5%~10%。这时,不会太简单也不会太难,不是压力山大也不是没有压力,最容易让人沉浸其中,我们会调动全部能量完成挑战,更容易产生福流。

因此,一些激励做得比较好的企业往往会利用这一原理,制定目标时既不让大家去摘星星,又不会让大家触手可及,而是制定一个跳一跳可以摘桃子的目标,这样激励效果是最好的。如果目标定得过高,跳一跳、蹦起来也够不着,长此以往的结果基本是负面的,甚至集体放弃目标,等着公司年末调整或考核放水,责不罚众、不了了之;如果目标定得过低,就容易养成一种惰性文化,使公司失去良好的成长性。

这三个区域不是一成不变的,而是可以转化的。随着人生阅历的增长,原来的恐惧区可能转化为学习区，在学习区待得久了，也会进一步转化为舒适区。一直躲在自己固有舒适区中不出来的人，只能原地踏步走，甚至不进则退。这时，就要主动走出舒适区，走进学习区，这样才能实现持续成长。

回顾一下这些年我自己爬格子的路，就是一个不断进入学习区、扩大舒适区的过程，也是一个不断挑战自己、得以持续进步成长的过程。

上大学时，写"豆腐块"式的小消息对我就是"学习区"，甚至是"恐慌区"。因为高中时代的我，最怵的就是语文，说起作文来更是有一种想逃离的感觉。那时，除了语文，我各科成绩在班里都名列前茅。

现在还记得，刚上大学时发表在校报上的第一篇新闻稿，让我第一次体验到了自己的名字连同一篇小文章被印成铅字的感觉，晚上竟然激动得睡不着觉。因为是人生的第一次，所以格外珍惜，倍加怀念，被我像邮票一样，一直收藏在家的书架里。

这篇文章也改变了我人生的轨迹。班主任老师因此发现我写作有两下子，推荐我到校报当记者，一度成为活跃在校园里的文学青年。逐渐地，我被大家给贴上了擅长写作的标签。此时的我，对于写校园新闻消息类的文章，逐渐轻车熟路，进入了"舒适区"。

大学毕业后，带着校报记者的"光环"，我来到山东省德州市邮政局工作，不久便被领导点名到办公室负责综合文字和新闻宣传工作。面对日新月异、热气腾腾的邮政发展实践，我再次进入"学习区"，期间曾在《人民邮电》《中国邮政报》等报刊上发表文章500余篇。渐渐地，写一些豆腐块式的文章，对我来说慢慢变成了"舒适区"。

为让写作重新进入"学习区"，2012年我开始与山东大学赵建华教授合著撰写《领导艺术的修炼》，尝试通过理论联系实践方式著书立说。从酝酿到出版发行，几易其稿，历时三年的时间得以成稿，并由人民邮电出版社出版。

2017年12月，我辗转来到中国邮政集团总部交流借调。在这里工作的三年多时间里，我有更多的机会，近距离接触很多企业高管和各路精英，接触来自四面八方的信息和资讯，让我的写作再次进入"学习区"。期间，先后参与撰写集团公司领导讲话、工作报告、会议纪要、报送中央文件等文稿100余篇。

现在的我，仍然将爬格子当作自己的业余爱好，包括你正在阅读的这本书，也是我不断将自己推向"学习区"的又一次系统输出……

第七章
CHAPTER 07

支柱5：做好自我管理，以个人成就慰藉压力

当我年轻的时候，我梦想改变这个世界；当我成熟以后，我发现我不能够改变这个世界，我将目光缩短了些，决定只改变我的国家；当我进入暮年以后，我发现我不能够改变我们的国家，我的最后愿望仅仅是改变一下我的家庭，但是，这也不可能。当我现在躺在床上，行将就木时，我突然意识到：如果一开始我仅仅去改变我自己，然后，我可能改变我的家庭；在家人的帮助和鼓励下，我可能为国家做一些事情；然后，谁知道呢？我甚至可能改变这个世界。"

——英国威斯敏斯特教堂墓碑林中一块墓碑上的话

这段话告诉我们，正确的人生路径应该是改变自己——改变家庭——改变国家——改变世界，千万不要弄颠倒了，一开始就想着改变世界，最后什么也改变不了。要记住，从改变自己入手，做好自我管理，这是人生的第一课，也是走向成功的第一步。

7.1 修齐治平，修身是第一位的

> 历史上的伟人——拿破仑、达芬奇、莫扎特——都很善于自我管理。这在很大程度上也是他们成为伟人的原因。
>
> ——现代管理学之父　彼得·德鲁克

"君子为政之道，以修身为本""修己以敬""修己以安人""修己以安百姓"。中国古人讲究修身齐家治国平天下，而修身是第一位的，自律历来是做人、做事、做官的基础和根本。

7.1.1 管理好自己的时间

> 每一个不曾起舞的日子都是对生命的辜负。
>
> ——德国哲学家　尼采

德鲁克在谈到优秀管理者必须具备的5项主要习惯时，第一条就谈到了要善于利用有限的时间。时间是最稀有的资源，丝毫没有弹性，无法调节、无法贮存、无法替代，而任何工作又都要耗费时间，因此，一个有效的管理者最显著的特点就在于珍惜并善于利用有限的时间。

第七章 | 支柱5：做好自我管理，以个人成就慰藉压力

一、管理好自己的时间=管理好自己的人生

人生天地之间，若白驹之过隙，忽然而已。

——庄子

前中国女排教练陈忠和曾算了一笔账：人的一生充其量也就三万多天，去掉小时候不懂事，老了不中用，真正能做事的也就一万五千天，在这一万五千天里，还有一半的时间是在睡觉吃饭，那真正可以做事的就只有七千多天了！

真是不算不知道，一算吓一跳。想一想你已翻过了多少天，明天还有多少天？所以，我们一定要有"把今后的每一天，都当成生命里的最后一天"的惜时意识，管理好自己生命里的每一分钟。

1. 制定工作计划，化无序为有序。

许多管理者常以没时间作为不做计划的借口，但是，越不做计划的人越没有时间。计划是工作有效率的前提，只有把那些看似繁琐、乱成一锅粥的工作，变得有条理、有逻辑，时间运用效率才能提高。

值得注意的是，在制定计划时，不能把时间表排得满满当当，分秒必争，这样只会增加压力，可以适当留出一些弹性空白时间，以便应急，或是来调整心情。

2. 运用"90分钟原则"，挤出整块时间集中做好一件事。

"90分钟原则"认为，一个普通人"超过90分钟"精力无法集中，而"不够90分钟"则难以处理好一件事。尤其是现在手机控占比越来越高，我们要有意识地控制自己，学会管住自己的手，不要经常下意识地摸摸手机，把整块的时间碎片化。

德鲁克曾指出，"每一位知识工作者，尤其是每一位管理者，要想有效就必须将时间做整块的运用。如果将时间分割开来零星使用，纵使总时间相

同，结果时间也肯定不够。"运用"90分钟原则"，可以作为制定一个小型会议、一次绩效面谈、一项重要决策的参考时间。

此外，一名管理者还应该确保员工有足够的、不被打扰的工作时间，这样他们才能专心致志地关注重点，进而提升工作效率。当下属们正在紧张工作时，除非情况紧急，最好不要贸然打断他们的工作。

3. 充分利用碎片化时间进行学习和思考。

鲁迅先生说："时间就像海绵里的水一样，只要挤，总是会有的。"想一想，即使在我们工作生活很忙的时候，还是可以挤出一些碎片化时间进行学习和思考的。

比如，边走路边思考一下工作的思路，或许有意想不到的收获；在坐车过程中，可以听喜马拉雅、樊登读书会等音频学习资料，让通勤时间不枯燥；约了朋友一起用餐，等待朋友赴约的时间，可以看两篇文章；早晚洗漱的时候，还可以同时听一下当天的新闻，补充一下资讯能量等。

4. 及时清理办公桌，做到整洁有序。

美国西北铁路公司前董事长罗兰·威廉姆斯曾说过："那些桌子上老是堆满乱七八糟东西的人会发现，如果你把桌子清理一下，留下手边待处理的一些，你的工作就会进行得更顺利，而且不容易出错。这是提高工作效率和办公室生活质量的第一步。"

试想一下，如果你的办公桌上一塌糊涂，那么你想要找的东西就算在眼前，可能也无法看到。但是，如果借鉴"6S管理"[①]的方法，实行物品定置定位管理，那么你想要的东西自然就会浮出水面，长此以往，就会省却好多查找的时间，还能够有效地避免差错。因此，善作为的管理者应该懂得将物品整齐归类，保持办公桌整洁、有序。

---

① 一种来源于日本的管理方法，即整理（Seiri）、整顿（Seiton）、清洁（Seiketsu）、规范（Standard）、素养（Shitsuke）、安全（Safety）。

5. 对电脑文件及时进行分类归档处理。

现在是办公自动化时代，对管理人员来说，电脑逐渐像农民的镰刀锄头一样，是必备的劳动工具。因此，如何对电脑文件及时进行分类归档处理显得很有必要。

·为所有经常用到的程序设定快捷方式，让你可以一下进入程序，而不必每天都要重复同样的步骤。

·桌面文件按照四象限进行管理。对正在处理的文件在电脑桌面上建立待办事项文件夹，完成一个，就整理归档一个。

·把关于某一项目或任务的文件归置于一个文件夹，及时进行归档处理。比如，可以将已完成的文件按属性分成：公司发文、上级来文、综合资料（通讯录、工作日志等）、文稿（领导讲话、调研报告等）。

·用"3W1V"原则命名文件。比如，"20210630-营销计划书-集团公司-V3"，"3W"分别指：When时间——20210630；Work事项——营销计划书；Who主体——集团公司。"V"版本——修改第3版。注意：不要使用无意义的文件名，比如asdmb2.doc；也不要用缩写，比如zgyzqd.xls（就算当时你知道什么意思，但很快自己也会忘掉，别人更看不懂什么意思）。

·给重要文件做好备份。可以选择同步到网盘，每周同步一次，也可以选择备份到移动硬盘，每月备份一次。不然，等到文件丢失时，只能欲哭无泪了。

·提醒一点，如果你是Windows操作系统，不要把重要文件放C盘里，如果你是Mac系统，不要把重要文件放系统文件夹下。因为一旦操作系统有问题，很可能造成文件永久丢失。

二、一定要在阳光灿烂的日子修屋顶

国虽大，好战必亡；天下虽平，忘战必危。

——《司马法》

中国的汉字博大精深，往往可以从一个字里能解读出很多意义，"赢"字就是一个多义字。一个人要想赢，就要具备五项基本条件，而第一条件就是"亡"，要有风险意识；其余依次是"口""月""贝""凡"，分别代表交流沟通的能力、正确的时间观、一定的金钱财富、要有一颗平凡心。

"安而不忘危，存而不忘亡，治而不忘乱"。忧患意识是一种积极的心态，可以让我们保持头脑清醒。没伞的人比有伞的人更有忧患意识，所以跑得更快，过得更好。

山东省德州市庆云县一南一北之间有个明显的分水岭，那就是南片的耕地好，土壤肥沃；北片的耕地差，是盐碱地。在八十年代及以前时候，大家基本上以农业为主，靠天靠地吃饭，南片区域由于耕地质量好，收成也高，生活明显富足安逸。这样，就导致南北区域有一个无形的分水岭，南片区域的姑娘都不愿往北片区域嫁，北片区域长得俊的小姑娘都愿意向南飞。

后来，随着国家改革开放的逐步深入，北片区域的农民由于土地质量不好，对土地的依赖性就差，危机意识就强，看到城里发展的一些商机，就相继放弃了以土地为营生的想法，大批走出去，到城里做些收废品、卖小商品的生意，这样，一带十，十带百，相继在生意上立稳了脚跟。生意来钱快，来钱活，北片区域的农民很快就赶超了了南片区域的农民。现在，又有了新的分水岭，就是土地越差的农民越富裕，土地越肥沃的农民反而越贫穷。

后来，我走南去北，发现庆云真不是个例，还具有一定的普遍性，那就是"土地肥沃程度与农民富裕情况负相关"。

没有忧患是最大的忧患。一个没有忧患意识的个人是没有前途的，一个没有忧患意识的组织是没有希望的，一个没有忧患意识的公司是可悲的，一个没有忧患意识的国家也是不堪一击的，哪怕它看起来实力雄厚，其实是外强中干。

增强忧患意识，就是要居安思危，善于运用底线思维的方法，把形势想的更复杂一点，把挑战看得更严峻一些，凡事从坏处准备，做好应对最坏局面的思想准备，努力争取最好的结果。

即使如日中天，也要当心太阳落山。华为是当代中国最好的公司，没有之一，其规模效益比BAT[①]三家总和还多，然而任正非思考最多的问题却是华为的红旗到底能打多久？他说："10年来我天天思考的都是失败，对成功视而不见，也没有什么荣誉感、自豪感，而是危机感。也许是这样才存活了10年。我们大家要一起来想，怎样才能活下去，也许才能存活得久一些。失败这一天一定会到来，大家要准备迎接，这是我从不动摇的看法，这是历史规律……现在是春天吧，但冬天已经不远了，我们在春天与夏天要念着冬天的问题。我们可否抽一些时间，研讨一下如何迎接危机。"

2016年5月30日，任正非在全国科技创新大会上的经验发言，也没有夸夸其谈地吹嘘他们取得的亮丽成绩，而是重点谈了自己的焦虑和对未来的思考，"华为现在的水平尚停留在工程数学、物理算法等工程科学的创新层面，尚未真正进入基础理论研究。随着逐步逼近香农定理、摩尔定律的极限，面对大流量、低延时的理论还未创造出来，华为已感到前途茫茫，找不到方向。"

三、做好重要而不紧急的事

是故圣人不治已病治未病，不治已乱治未乱，此之谓也。夫病已成而后药之，乱已成而后治之，譬犹渴而穿井，斗而铸锥，不亦晚乎。

——《黄帝内经》

[①] 百度、阿里、腾讯三家公司

在时间管理中，"四象限原则"是一个被人推崇而广为人知的方法。简单来讲，就是按照紧急程度和重要程度，将需要完成的事情划分到四个象限中去，即紧急又重要、重要但不紧急、不紧急也不重要、紧急但不重要（见图7-1和图7-2）。

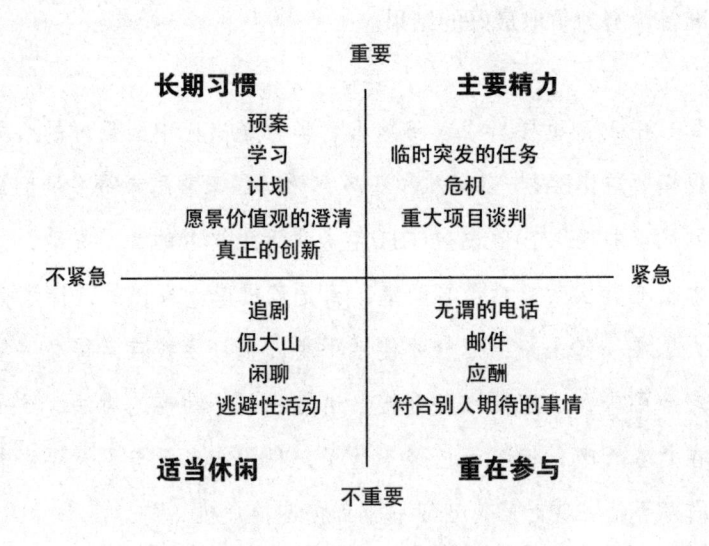

```
                       重要
        长期习惯        │        主要精力
          预案          │
          学习          │     临时突发的任务
          计划          │        危机
       愿景价值观的澄清   │      重大项目谈判
        真正的创新       │
  不紧急 ─────────────┼───────────── 紧急
          追剧          │      无谓的电话
          侃大山         │        邮件
          闲聊          │        应酬
        逃避性活动       │    符合别人期待的事情
                       │
        适当休闲        │        重在参与
                      不重要
```

图7-1　时间管理中"四象限原则"

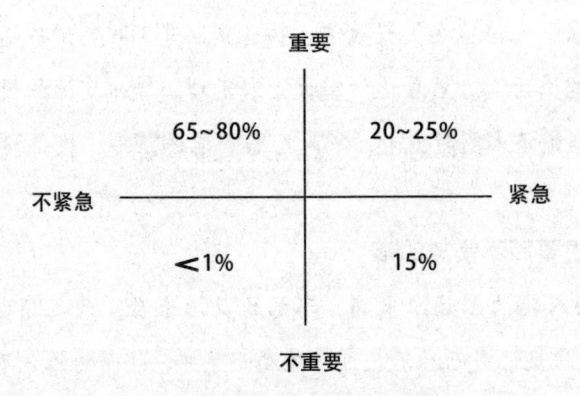

```
                       重要
                        │
         65~80%         │        20~25%
                        │
  不紧急 ─────────────┼───────────── 紧急
                        │
          <1%           │         15%
                        │
                      不重要
```

图7-2　高效能人士时间安排

第三象限与第四象限事务不必多说，重点在第一象限与第二象限，因为任何情况下都要做重要的事。很多人的重心在第一象限事务，这其实是个大坑。一直处理重要紧急的事，你会处于救火状态，被牵着鼻子走，会筋疲力尽，焦头烂额，但收效甚微。不仅如此，你没顾上的第二象限事务，它会在意想不到的时候变为第一象限事务，给你火上浇油、猝不及防。因此，重心要放在第二象限事务上，这相当于防火，防患于未然。这样，人生才会显得从容不迫、自如应对。处理第一与第二象限事务的时间占比，也是平庸之辈与高效人士形成差距的分水岭。

但是，很多人对"重要不紧急"的理解并不完全。我们经常说的重要不紧急的事，包括学习、锻炼身体、放松心情、预防措施等。但这只是其中一部分。另一部分是，所有事务，都可以通过提高工作杠杆率，把它变为重要不紧急的事。比如，一个公司从一整年的跨度来看，一般年初有工作会，半年有座谈会，季度有经营分析会，三季度往往还有务虚会，这些材料都可以提前思考准备，将重要而紧急的事情变为重要而不紧急的，通过有效的计划性和预见性来平衡工作量，使工作有张有弛，而不是紧张的时候忙得找不到北，轻松的时候又无所事事。

对组织来说，很重要的是提前布局重要而不紧急的事情，化解重要且紧急的事情于无声无息之中。张瑞敏说，当他第一次读德鲁克的书时，对"管理得好的工厂，总是单调乏味，没有任何激动人心的事件发生"这句话很是费解，直到细细琢磨后，才明白这句话所蕴含的管理境界。整天锣鼓喧天、鞭炮齐鸣，今天这运动，明天那突破，是管理不好企业的。

修理屋顶的最好时间，是在阳光灿烂的日子，或者另建一个更大更结实的房子。一定要在风险到来前就主动化解，未雨绸缪事半功倍；等风险到来，亡羊补牢就会手忙脚乱，而且往往事倍功半。

很多成熟的大公司无论做任何事情都有备手，都要有一个乃至更多备胎计划，即Plan B、Plan C、Plan D等。一旦Plan A计划失效，就立即启动Plan B，做到有备无患。

比如，在信息技术支撑方面，他们一般会在相隔较远的异地，建立两套或多套功能相同的IT系统，当一处系统因意外（如火灾、地震等）停止工作时，系统可以自动切换到另一处，保持系统正常工作。

在人力资源配置方面，他们往往会设置AB岗，以备不时之需。当A岗承担人因出差、休假等情况离岗时，由B岗备选代替其履行职责，这样公司就不会因为A的离岗而造成业务中断或延期。

……

对个人来说，很重要的是把大部分的时间安排在了重要但是不紧急的事情上，并管理好这些事情。 事实上，人生中多数重要而紧急的事情是可以预判的，如果提前布局就可以转化为重要而不紧急的事。前些年在农村，生儿子娶媳妇就要提前盖房子，生女儿嫁姑娘就要提前准备女儿红酒，这些都是很重要的必须事项。殷实之家往往会提前好几年就要备好这些必须品，将日子打理得井井有条，显得从容不迫；窘迫之家多是现上轿先扎耳朵眼，显得手忙脚乱，忙得一塌糊涂。

从健康的角度来讲，看"未病"是人们养生的主要秘诀之一，身体不舒服就要注意了，有病赶紧治，甚至防病于未然，提前进行预防，不要久病不医，等病入膏肓了才四处求医。"上医治国，治未病之病；中医治人，治欲病之病；下医治病，治已病之病。"不治已病治未病是中医药精髓理论，现在很多地方的中医院都设有治未病中心。

美国著名影星安吉丽娜·朱莉有家族性乳腺癌史，曾祖母、祖母和姨妈都因乳腺癌去世。她非常担心自己会重蹈家庭悲剧，因此去做了基因检测。结果，她的基因检测显示体内携带乳腺癌基因BRCA1突变，患乳腺癌的风险高达87%，于是，她与医生商量后进行了预防性乳腺切除，把乳腺癌风险降低到了5%以下。

从职业角度来讲，要提前预判未来的变化和潜在的风险，完成职业转型，预先布局好自己的后半生。网络上流传一句话，叫做"风来了，猪都会飞"，但是后面还有一句话"风停了，猪就会掉下来"。不管风再大，总会有停的时候，因此，要提前做好预判，做好准备，当永远不会掉下来的猪，至少要当最后掉下来的猪。

现代管理之父德鲁克说："管理后半生有一个先决条件，你必须早在后半生之前就开始行动。"也许有人说，我是体制内的人，工作非常稳定。其实此言差矣，越是稳定的工作，反而意味着更大的风险。因为工作越稳定，你对组织的依赖性会越强，世上本没有铁饭碗，一旦失去这份稳定的工作，你会发现自己像个低能儿，几乎什么也干不了，这将是人生中十分辛酸和无奈的事情。

作为一个在现代社会生存发展的人，要想多一些选择和自由，就要拥有随时离开体制（供职的任何机构）的能力，实现U盘化生存。如果你一时没有勇气离开体制，不妨可以试着当个有趣的"斜杠青年"[①]。

张泉灵讲，在央视时曾经历这样一个状态："一开始会有人说：泉灵姐，我特别喜欢你；后来有人说：泉灵姐，我妈特别喜欢你；再有人说：泉灵姐，我奶奶特别喜欢你。"面对粉丝越来越老，后续部队越来越少时，张泉灵就敏锐地感觉到了潜在的危机，她说，"我特别担心很快就没有人喜欢我了，我就离开了。"

2015年7月，在央视如日中天的张泉灵悄然离开众人艳羡的央视舞台，开启了人生崭新旅程；接着傅盛战队官方微博对外公开宣布，张泉灵以顾问形式加盟傅盛战队，还加盟傅盛旗下紫牛基金合伙人；2015年9月，傅盛战队升级为紫牛创业营和紫牛基金，张泉灵担任紫牛基金创始合伙人；2019年1月，张泉灵正式加入少年得到，担任少年得到董事长，成功完成人生后半生职业

[①] "斜杠青年"出自瑞克·阿尔伯撰写的书籍《双重职业》，指的是一群不再满足"专一职业"的生活方式，而选择拥有多重职业和身份的多元生活的人群。例如，张三，记者/演员/摄影师。

转型。这让我想到一句话，叫"所有的奇迹，其实都是早有准备"。

四、不会休息就不会工作

　　休息与工作的关系，正如眼睑与眼睛的关系。

——印度近代著名诗人　泰戈尔

　　"会休息"是一种职业能力，和沟通、表达、讲演一样，是一种实力。休息的真正含义是什么？不是为了爽，而是恢复疲劳，更好工作。当你重新投入工作与学习的时候，你觉得又是一个精力充沛的新人，一个电量满格的战士。

1. 挤出空隙短暂休息调整，快速补充能量。

　　"周一到周五，白天不够夜晚补，周六保证不休息，周日休息不保证""5＋2""白＋黑"……在当前高强度的商业社会中，越来越多的单位进入"加班常态化"模式。面对组织整体的加班文化氛围，作为个体，我们无力改变。大家都在加班，单单你不加班，会显得特立独行，让人感觉你不够敬业上进，容易被组织边缘化。

　　从人性的立场上来说，人不同于机器，无法持续工作。即使是心底最善良的人，在身体疲惫不堪、神经衰弱的时候，也会变得不通情理、脾气暴躁，甚至引发过劳死。著名过劳死问题研究者森冈孝二便提出："到了今天，过重劳动与过劳死已成为世界性问题，尤其在韩国和中国已日趋严峻。"所以，越是"加班常态化"，"会休息"愈发凸显其重要价值和现实意义。

　　成功人士都具备一个共同的特点，面对焦虑压力和繁杂事务的裹挟，他们能够挤出空隙休息，或者在旅行途中，或者在会议前的五分钟，他们都可以随遇而安，快速地打个盹，通过短暂的休息调整，快速补充能量。

传说拿破仑每天只睡4个小时，而在发动攻击的前夜，睡得更少。尽管如此，他十分善于休息，有时在两次接见活动的5分钟间隔里，也可以美美地睡上一觉，从而保持充沛的精力和旺盛的体力。

2. 通过"做"来解决"累"，用积极休息取代消极放纵。

实际上，我们的疲惫主要来自对现有一成不变生活的厌倦。所以，休息不一定非要停下来，换个频道也是休息。我们可以通过"做"来解决"累"，用积极休息取代消极放纵。

科学家研究发现，大脑皮质的一百多亿神经细胞，功能都不一样，它们以不同的方式排列组合成各不相同的联合功能区，这一区域活动，另一区域就休息。所以，通过改换活动内容，就能使大脑的不同区域得到休息。

心理生理学家谢切诺夫做过一个实验，为了消除右手的疲劳，他采取两种方式——一种是让两只手静止休息，另一种是在右手静止的同时又让左手适当活动，然后在疲劳测量器上对右手的握力进行测试。结果表明，在左手活动的情况下，右手的疲劳消除得更快。这证明变换人的活动内容确实是积极的休息方式。

如果你写一份策划案，连续工作了3个小时，感到有些疲倦，可以在脑力劳动内部转换，比如，阅读自己喜欢的书。也可以由脑力劳动转入体力劳动，比如，收拾一下办公物品、给花草浇水施肥修剪等；可以打打电话，社交一下，了解一些市场信息；还可以出去走一走，找一条从没去过的街道，用脚步把它走完，或许你会发现这个熟悉的城市也会有别样的味道。

法国思想家卢梭这样谈过换场休息的心得，"我本不是一个生来适于研究学问的人，因为我用功的时间稍长一些就感到疲倦，甚至我不能一连半小时集中精力于一个问题上。但是，我连续研究几个不同的问题，即使是不间断,我也能够轻松愉快地一个一个地寻思下去,这一个问题可以消除另一个问题所带来的疲劳,用不着休息一下脑筋。于是,我就在我的治学中充分利用我所发现的这一特点,对一些问题交替进行研究。这样,即使我整天用功也不觉得疲倦了。"

3. 好睡眠是最好的补品,是最好的休息方式。

国际知名的《科学》杂志刊文披露了一项关于人类睡眠的最新研究成果:当人类睡着后,血液会周期性地流出大脑,脑脊液随即进入,对大脑里β淀粉样蛋白等代谢副产品进行消除。这样的过程在睡着后才能实现,因为在人醒着的时候,神经元不会同开同关,让大脑血量下降到足够低的水平。只有睡着之后,大脑里没有那么多血液,脑脊液才能自如地循环开来。这也能解释,为什么人一觉醒来,会感到头脑清爽,而熬夜、失眠则让人头脑昏沉。该研究也有助于揭示睡眠和阿尔茨海默症、自闭症等神经疾病之间的关系。

遗憾的是,在现代社会,随着人们生活节奏的加快,工作压力的持续增大,睡眠正成为越来越多人的奢侈品。据世界卫生组织统计,世界约1/3的人有睡眠问题。中国成年人失眠率高达38.2%,这意味着超过3亿中国人有睡眠障碍,并且这个数据仍在逐年攀升中。

读到这里,有些失眠的读者朋友可能会说,对睡眠不足的严重后果和睡眠充足的重要意义,这些道理我都懂,感同身受,我也想睡,但就是睡不着。下面综合了多位专家的观点,为提升你的睡眠质量提供参考。

资料 提升睡眠质量的方法

1. 良好睡眠最重要的是不要太在乎。一想到明天有重要的事情,就担心晚上睡不好,翻来覆去睡不着,然而越用力越睡不着。

2. 合理地利用睡眠周期理论。科学入睡时间是22点—22点30分,半小时或一小时后进入深度睡眠,而且午夜12点到凌晨3点是人体自然进入深度睡眠的最佳时间。

3. 睡前清空大脑，或选择做自己熟悉和喜爱、给人以安全宁静感的事情，如看剧、听歌等能带来安全感的节目，避免做容易引发焦虑或兴奋的事，越做越兴奋。

4. 养成锻炼身体的习惯，但不要在入睡前剧烈运动。

5. 放松和正念冥想可以帮助我们缓解焦虑，让入睡变得更加容易。专注调节呼吸与放松。

6. 慎重对待宵夜，睡前不要过度饮食，也避免在饥饿状态下入睡。

7. 睡前1小时，调暗卧室灯光。在睡前收起智能手机。

8. 通过日记或电子追踪器记录睡眠情况；让伴侣帮你注意是否有睡眠呼吸暂停症等睡眠障碍，并及时就医。

9. 了解自己身体如肩颈、腰椎对于枕头、床垫软硬高低的不同需求，提升睡眠硬件舒适度。

10. 睡前沐浴有助于缓解疲劳。保证身体清洁以及裸睡更容易让睡眠质量得到提升。

11. 不要让卧室温度过高，保持在20-23°C最为适宜。

12. 如果睡不着，不要在床上辗转反侧，起来去做一些安静且放松的事情，直到再次有困意时再回到床上。

13. 睡眠要遵循自然规律。人应顺应自然的规律来调整自己的生活，否则人的生命就有可能受到伤害。

7.1.2 管理好自己的颜值

各美其美，美人之美，美美与共，天下大同。

——著名社会学家 费孝通

古人云，爱美之心人皆有之。尤其是在今天这个看脸的时代，颜值就是正义，我们为人处世，更要注意打扮自己，让别人能赏心悦目。

一、人靠颜值马靠鞍

美是人间不死的光芒。

——现代诗人　徐志摩

平常人们说："长得漂亮有什么用，能当饭吃啊！？"事实上，长得漂亮，的确能当饭吃，还很有用。以貌取人虽然肤浅，但是美是看不见的竞争力。

颜值还与事业有直接关系，影响其职业发展和个人收入。我们说，欣赏一个人，始于颜值，敬于才华，合于性格，久于善良，终于人品。没有颜值，故事很可能没有下文，到此就剧终了。

相关研究表明：照片好看的简历更容易被人力资源部筛选出来，更可能得到入职的机会。如果你去参加一场面试，过程可能需要15分钟，甚至更长的时间，但是，面试官通常在30秒内就决定了是否要你，剩下的时间基本是靠提问来验证他们的判断。第一整体印象非常重要，其中，外在打扮占55%，个人行为举止占38%，交谈内容只占7%。要知道，你永远没有第二次机会给人留下良好的第一印象（见图7-3）。

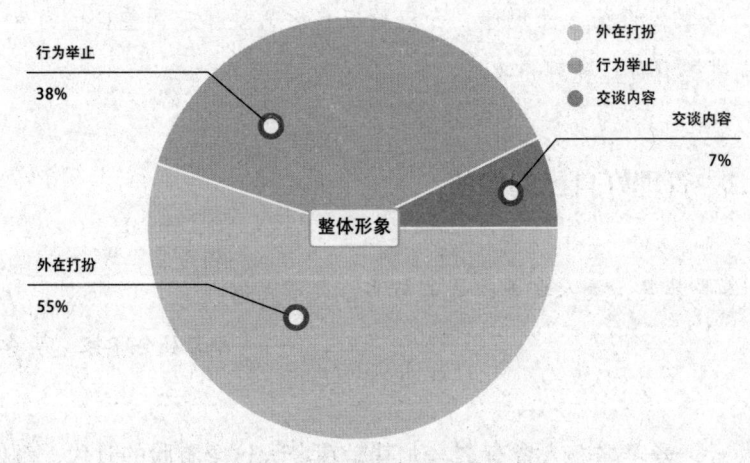

图7-3　整体形象的比重分布

《三国演义》里庞统才高八斗，学富五车，可以与诸葛亮齐名，但由于相貌丑陋，颜值太差，导致孙权、刘备两个"伯乐"都没有慧眼识英才，把庞统视为千里马。庞统去拜见孙权时，"权见其人浓眉掀鼻，黑面短髯、形容古怪，心中不喜"。庞统又见刘备时，"玄德见统貌陋，心中不悦"。

连庞统这样的旷世才子都有因颜值低被埋没的可能，何况我们等闲之辈呢？所以，千万不要以为自己有点才华就为自己的不修边幅找合理化借口。

莎士比亚说："外表明示人的内涵。"人一般是表里如一的，可以貌相的，那些内核层面精妙的人，外貌层面也基本都是能做到妥当的恰到好处；那些邋遢不修边幅的人，多半没有多少深邃的内涵。大家都很忙，没人有义务通过不修边幅的外表，去耐着性子发现你优秀的内在。得体的外表是对自己的尊重，也是对他人的尊重。

我们留意一下身边的人，也不难发现，越成功的人，越能管住自己的嘴，迈开自己的腿，管理好自己的身体。而越是底层的世界，越是油腻无度，他们吃无节制、吃得肥头大耳，玩无节制、玩得通宵达旦，喝无节制、喝得烂醉如泥，享无节制、企图荣华富贵。

CCL领导力调研也表明：《财富》500强公司的首席执行官中找不到一个体重超标的人。一个人如果能带领好一个几万人的团队，也必定能有条不紊地管理着自己的身体，做到身材匀称而又健康，精力充沛，富有活力。

二、人的颜值从哪里来

> 形象也是一种表达。
>
> ——原外交部副部长　傅莹

个人形象在构成上主要包括六个方面，它们亦称个人形象六要素，主要包含仪容、表情、举止动作、服饰、谈吐、待人接物等六个方面。

1. 仪容

指的就是我们的外观，是构成形象最外在的部分，包括容貌、肤色、形体、体味等。在人际交往中，每个人的仪容都会引起交往对象的特别关注，并将影响到对方对自己的整体评价。

相关研究表明，我们在评价一个人外貌吸引力时，更加强调的是整体印象，除了长相以外，你的体态也会为颜值加分。

2. 表情

是人面部的动态形象，可以传达人的思想，可以说是人的第二语言。卡耐基先生说："一个人的面部表情亲切、温和、充满喜气，远比他穿着一套高档、华丽的衣服更吸引人注意，也更容易受人欢迎。"好的表情是有魅力的，可使面部看起来容光焕发，此时无声胜有声。

研究表明，当同一个人表情不同时，颜值也会有显著不同：高兴最美，中性次之，生气、害怕不好看，难过吸引力最低。所以，在你想给别人展示自己最美的一面时，开心一笑就可以了。当你微笑的时候，你的愉悦就会传达给他人，他人会对你更友好，你也变得更美丽。

3. 举止动作

在个人形象构成中也很重要，是文化修养的一种体现。在与人交往中，行为举止要有风度，优雅规范。

古人讲究"站有站相，坐有坐相，吃有吃相"，认为"立如松，坐如钟，卧如弓，行如风"是美的姿态，现在仍不过时。手不要乱放，脚不要乱蹬，腿不要乱抖。优雅的举止，实际上是在充满自信、有文化内涵基础上的一种习惯性动作。尤其是做为职场人士，在大庭广众之前，穿上职业装，不仅代表个人，还代表着集体的形象。

4. 服饰

与人的整体形象不可分割，也是一个人教养与阅历的最好表现。有道是"人靠衣服马靠鞍"，着装在职场上尤其重要，一个人能力再强，如果衣着不得体，也不易给人留下好印象。

法国时装设计师夏奈尔说："当你穿得邋邋遢遢时，人们注意的是你的衣服；当你的穿着无懈可击时，人们注意的是你。"

服饰第一要义是得体，如同选戏装一样，要适合你的身份，适合你的职业定位，适合你的身份地位，适合当时的活动场景，到什么山上唱什么歌。其次要把不同的服装搭配在一起，给人和谐的整体美感。再次是做到干净整洁。

前人大会议新闻发言人傅莹说，参加隆重的礼宾活动尽量穿中式衣着，出席开幕式，选择有文化元素的服饰；工作场合，尽量穿西装套装。"2013年我第一次做发布会时，选择了一套浅灰色西服套装，显得低调而庄重"，踩点时发现衣服颜色与背景墙上的大理石太接近，后来改成蓝宝色上衣和黑色裙子。

5. 谈吐

就是语言，一个好的谈吐会给人一个好的印象。将心里想说的话得体地表达出来，让人如沐春风，是一门硬功夫。

要尽量讲普通话，也可以根据地方习俗灵活使用方言。适时使用"您好、请、谢谢、对不起、再见"等礼貌服务用语，杜绝使用粗话、脏话、狂话、敷衍话、嘲讽话等不文明语言。谈话时态度诚恳、自然大方、和气亲切，表达清晰得体，精力集中，正视对方，耐心听取对方谈话，不要轻易打断对话话头。

6. 待人接物

是指与他人相处时的表现，亦即为人处世的态度，影响着他人今后要不要继续与你交往。要努力做到孔子说的"恭宽信敏惠"。

——"恭"，就是予人恭敬。孔子说：恭则不侮。一个人对他人恭敬的时候，你是不会招致羞辱的，没有人来侮辱自己。

曾国藩说："天下古今之才人，皆以一傲字致败。"人就是这样，平静地过日子还好，一旦拥有了财富、自由、地位、名誉、关系等，有些人就会变得骄横跋扈、目空一切，"上帝欲让其灭亡，必先让其疯狂"，结局往往不会有好下场。

——"宽"，就是包容他人、天宽地宽。对他人包容了，其实自己也天宽地宽了。所以恭敬而达到宽容。这是一种内心自然的成长。孔子说，宽就能够得众，就可以有众人对自己的一种信赖，就可以拥有最多元的朋友。

——"信"，就是言必行，行必果。不管做什么事情，都要言而有信，答应别人的事一定要做到，不可放别人鸽子，否则就是失信于人。一个人信誉的积累是一个点滴积累的过程，不是一日之功，但一个人信誉的崩溃却可能因为一件事，而前功尽弃，人设崩塌。

——"敏"，就是活在当下，做好当前。曾国藩有个16字的座右铭："物来顺应，未来不迎，当时不杂，既过不恋"。当下是最要紧的，其他都是浮云。做好当下，即是未来。吃饭时好好吃饭，睡觉时安心睡觉，工作时认真工作，把当下事情做好了，就会有好的未来。你未来的样子，就隐藏在今天的努力中。所以孔子说，一个人敏，就可以有功。

——"惠"，就是以恩惠之心，宽厚他人。人类需要每个人在必要的时候都能成为别人的天使。稻盛和夫先生说："什么时候人的内心会充满深切、纯净、极致的幸福感呢？绝不是私利私欲获得满足的那一刻，而是利他行为开花结果的时刻。"怀有这样一种恩惠之心，然后去宽厚他人。惠则足以使人。一个能够有恩惠之心的人，可以让所有人从中获得自己应有的名分和利益，"利益均沾"才能够领导他人。

三、微笑是最好的社交礼仪

当一个人微笑时，世界便会爱上他。

——印度近代著名诗人　泰戈尔

有位世界名模说："女人出门时若忘了化妆，最好的补救方法便是亮出你的微笑。"微笑是最美的化妆品，是世界通用的语言，是最好的社交礼仪，也是让人产生积极愉悦、最能给人好感而且极富感染力的情绪，就像是寒冬里的一抹暖阳，夏日里的一股清流，温暖人的心窝，细润人的心田。我们要不吝惜自己的笑容，把微笑当成一种习惯。今天，你微笑了吗？你会微笑吗？

我们平时常说，爱笑的女孩子命运不会太差。其实，不仅是女孩子，爱笑的人，不论是男人还是女人，老人还是年轻人，谁笑得灿烂，笑得真诚，谁就更健康，容易得到更多的机会，取得更好的成绩，获得更高的收入。

科学家发现，人类每笑一声，从面部到腹部就约有80块肌肉参与运动。笑100次对心脏的血液循环和肺功能的锻炼相当于划船10分钟的运动效果。遗憾的是，成年人笑点太高，每天平均只笑15次，比未成年人少很多。

员工幸福感超强的美国西南航空公司，多年来雄居《财富》杂志评选的最受尊敬的公司榜单。该公司刻意地选聘那些愿意带着微笑从事服务业的人们，力求营造快乐友爱的企业文化。他们认为，能力可以培训，态度很难培训。性情快乐的员工会将其正面的影响传播给顾客。

7.1.3　管理好自己的头脑

大非易辨，似是之非难辨。窃谓居高位者，以知人、晓事二者为职。

——晚清名臣　曾国藩

吃喝嫖赌抽、坑蒙拐骗偷这种大是大非是容易辨别的，但是似是而非或似非而是的事就不容易判断了。管理者最重要的是知人晓事，具有看见别人所看不见的能力。

一、三岁看大，七岁看老，易眼观天人

借我借我一双慧眼吧，让我把这纷扰，看个清清楚楚明明白白真真切切。

——《雾里看花》歌词

常言道："画龙画虎难画骨，知人知面不知心。"与电影里的人物不同，真实社会里的坏人不会把"坏人"写在脸上，邪恶也总是装扮成正义的模样。了解人的表面很容易，但知人是非常难的一件事，因为人心隔肚皮。

比如，一个人在基层干得很出色，要把他提拔到重要岗位担当重任，你怎么知道这个人是否可以胜任新职位，手握重权之后，会不会耍花枪？有一天你"人走茶凉"之后，这个人是否会过河拆桥？

一个平时老实谨慎的人，你怎么知道在危急时刻，这个人还依然靠谱厚道？是否可以做到关键时刻听指挥、拉得出，危急关头冲得上、打得赢？

……

三岁看大，七岁看老。识人是一种能力，需要眼观六路，耳听八方。人在社会上混久了，只要眼界够高，阅历够丰富，往往就能练出一双颇为毒辣的眼睛：可以快速地"精准画像"，分辨出谁是工作上的伙伴，谁是事业上的对手；谁是华而不实的片儿汤，谁是朴实无华的实在人；谁是交往中的过客可以略过，谁是生命中的贵人不要错过。日常工作生活中识人的实用工具和方法有：

1. 大道至简，永远不要忽略常识的力量。

"知常曰明，不知常，妄作凶"。这个貌似复杂的世界，其实是由一些极简的底层逻辑决定的。这个世界上最有效的办法就是平平常常的大道理，最有价值的谈话就是几句老生常谈，最恒久不变的规律就是人性。掌握了这些底层逻辑，就可以不变应万变，用一些简单的规则来解释这个大千世界里绝大多数看似繁纷复杂的现象。法国思想家伏尔泰说，"普通常识并不

是那么普通"。

有一种见怪不怪的现象叫"巴菲特午餐"：按照正常的逻辑，如果有人请我们吃顿好的，我们会"吃人家的嘴短，拿人家的手软"，感觉欠了对方一个人情似的。但是，如果有人想请巴菲特吃顿饭，这种逻辑就完全行不通了，饭钱不能AA制不说，还要支付几十万、甚至上百万美元的午餐费，而且排队还请不上呢。

与巴菲特共进午餐的机会，也给予了一位叫黄峥的年轻人。如今，他创办了一家估值300多亿美元的独角兽拼多多，并用3年时间带领上市。黄峥在接受采访时表示，"巴菲特让我意识到简单和常识的力量"。

2. 利用一些理论工具模型和方法论。

恩格斯深刻地指出："一个民族要想站在科学的最高峰，就一刻也不能没有理论思维。"借助一些工具模型和方法论，可以提升一个人识人的水平和能力。

比如，诸葛亮在《知人》一文中阐述了识人用人"七观法"：问之以是非而观其志，穷之以辞辩而观其变，咨之以计谋而观其识，告之以难而观其勇，醉之以酒而观其性，临之以利而观其廉，期之以事而观其信。

3. 从其他线索中得到的部分线索。

孤证不足为凭。有时通过一个线索不能充分证明问题，要顺藤摸瓜，想方设法从其他线索中进一步得到求证。既要看一个人在公众面前的形象，还要观察他对待领导、下属、亲人、朋友，以及地位明显不如他、无利益相关的陌生人的态度。

如果一个人卧室干净整齐，可以继续观察她的衣服、化妆品、鞋子、包包等是否有固定位置，不然可能只是表面的整齐。还记得军训时的场景吗？

教官到宿舍检查内务时，在看到被子已经达到豆腐块的标准后，往往不会直接打满分，而是会查看床下，看一下鞋子、洗脸盆等摆放是否也整整齐齐，甚至抬手摸一下门框高处是否有灰尘。这些都达标后，才认定内务标准为优秀。

4. 利用看似无关的线索。

巴尔扎克有句名言："看你手杖的姿势，就知道你是个什么样的人。"手杖姿势与人物性格表面上看有些风马牛不相及，但利用一些看似无关的线索，也有助于我们做出正确的判断。

有些单位的HR在招聘营销主管时，往往问及男生的恋爱情况，如果面试男生实话实说，自己在大学时一直没有谈过恋爱，就有可能被直接PASS，理由是没谈过恋爱的男生不适合干营销，做营销需要善于与各色人等打交道。

5. 从细微差异中发现重要线索。

曾国藩说："明有二端：人见其近，吾见其远，曰高明；人见其粗，吾见其细，曰精明。"一些细微的差异中往往隐藏着重大线索，甚至比白纸黑字更能说明问题。

老舍在《骆驼祥子》有句十分精彩的描述，"人间真话本不多，一个女人的脸红胜过一大段告白"，这是因为语言是可以粉饰的，身体却是诚实的，脸红不会撒谎，是真情的自然流露。

6. 听其言，观其行，分析其论证过程。

情感专家涂磊说："如果你想要找到一个真正爱你的人，千万不要听他说了什么，要看他做了什么，千万别看他在众人面前做了什么，而要看他无意之中做了什么。因为生活是过出来的，不是说出来的。日子是两个人关起门过的，而不是演给大家看的。"最能够体现内心的不是语言，而是行为。看问题，不但要看他给出的结论，更要看其论证过程。

判断一个人是不是某个方面的高手，不能看他说了什么，有多少奖牌证书，可以问他问题。你问一个点，他回答一个面，你再顺着这个面追问，他如果能回答一张网，而且他答案中的知识点和你确信掌握的相吻合，那基本就可以判定他是这行的高手了。

7. 不要向利益相关方打听重要信息，对利益相关方提供的信息予以剔除。

韩非子说："舆人成舆，则欲人之富贵；匠人成棺，则欲人之夭死也。非舆人仁而匠人贼也。人不贵，则舆不售；人不死，则棺不买，情非憎人也，利在人之死也。"触动人的利益比触动人的灵魂还难。当一个人与信息标的存在利益交换或输送时，就很难站在第三方立场上，讲客观公正、不偏不倚的话。

如果你到菜市场买菜，在一个西瓜摊前问摊主，"老板，这西瓜甜吗？"。王婆卖瓜，自卖自夸。不管摊主是王婆，还是李婆，得到的回答基本都是肯定的，"不甜不要钱，又甜又沙，不甜保退"。但是，回到家打开西瓜之后，你才会发现并不像摊主说得那么好。

8. 警惕戴着有色眼镜看人，莫被表象迷住了双眼。

张瑞敏说："只看学历经历，你永远招不到马云。"要知道，大肚子里不一定是智慧，还有可能是草包。北大、清华毕业的虫不一定都能成为社会的龙，普通大学尖子生往往比重点大学的劣等生更优秀，在二流的大学发掘一流的人才往往更好用。

二、透过现象看事情的本质，莫被表象蒙蔽了双眼

> 使人大迷惑者，必物之相似者也。玉人之所患，患石之似玉者；相剑者之所患，患剑之似吴干者；贤主之所患，患人之博闻辩言而似通者。亡国之主似智，亡国之臣似忠。相似之物，此愚者之所大惑，圣人之所加虑也。
>
> ——《吕氏春秋》

毋庸置疑，花半秒钟能看透事物本质、可以预见未来的人，与糊里糊涂、得过且过、花一辈子都看不清事物本质的人，注定是有着截然不同的命运。那么，如何快速地透过现象看清事情的本质呢？

1. 培养科学思维的方法，让自己变得聪明一些，提高辨别阴谋论的能力。

我们要想不受人惑，不受人骗，最重要的就是把我们的头脑变得聪明一些，一眼就能识穿骗子的阴谋诡计，这样自然就能减少别人骗我们的机率。要提高我们辨别阴谋论的能力，最主要的方法还是接受完整的科学教育，特别是培养科学思维的方法。这种科学思维包括逻辑分析、辩证思维、换位思考，最主要的就是要有证据、证明和证伪的科学态度，当一个看起来无论多么合情合理的解释摆在我们面前时，科学的态度首先就是要看是否有证据、是否符合逻辑、有没有办法能够验证对错——而不是本能地接受、相信和传播它。

2. 懂得聪明地对待新的信息来源。

在如今这样一个信息爆炸的时代，我们需要对所接触的信息进行迅速处理，区分出哪些信息是可靠的，哪些是不可靠的。

要做到这一步，你必须先养成习惯，尽可能地搜集信息，习惯运用你的心智去思考真相可能隐藏在哪里。许多人会盲目地相信别人告诉他的话。假如你真的想成功，千万千万不能随意听信别人的话。亲自检视每一件事，用你的眼睛验证每一件事。①

3. 善于从反常事件中发现问题。

"事出反常必有妖，人若反常必有刀。"做人做事如果与正常情况很不一致，那么，这背后就很可能隐藏了不可告人的目的。

中央财经大学教授刘姝威依据公开资料揭穿"蓝田神话"的逻辑依据就是违反常识、不合逻辑的公开信息：2001年8月29日，蓝田股份发布公告，**2000年蓝田股份的农副水产品收入12.7亿元应该是现金收入。**由于公司基地地处洪湖市瞿家湾镇，占公司产品70%的水产品在养殖基地现场成交，上门提货的客户中个体比重大，因此"钱货两清"成为惯例，应收款占主营业务收入比重较低。

大多数人看了公司的财务报靠，一般采取熟视无睹的态度，瞄一眼就过去了。但是，刘姝威却开始了思维逻辑，发现了其中蕴藏着一些反常之处：如果蓝田股份水产品基地瞿家湾每年有12.7亿元销售水产品收到的现金，各家银行会争先恐后地在瞿家湾设立分支机构，会为争取这"12.7亿元销售水产品收到的现金"业务而展开激烈的竞争。银行会专门为方便个体户到瞿家湾购买水产品而设计银行业务和工具，促进个体户与蓝田股份的水产品交易。**银行会采取各种措施，绝不会让"12.7亿元销售水产品收到的现金"游离于银行系统之外。**

于是，她大胆假设，小心求证，给出自己的判断：2000年蓝田股份的农副水产品收入12.7亿元的数据是虚假的。

---

① 摘自[美]吉姆·罗杰斯著，洪兰译，《投资大师罗杰斯给宝贝女儿的12封信》，中国青年出版社2008年1月出版。

4. 善于从一些不起眼的事情中发现不寻常的线索。

由于人的精力是有限的，我们不可能为了找到真王的王子，亲吻所有的青蛙。一滴水也可以反映出太阳的光辉，一个细微地方也可以折射出整体的风貌。一部长篇小说好不好看，善于看书的人往往不必读完，一般看第一章就够了；一瓶红酒好不好喝，善于品酒的人，不用一饮而尽，稍抿一小口就够了，甚至还能品出酿酒用的葡萄来自哪里和酒的生产地。

5. 大数据给我们送来了一双"慧眼"。

著名华人历史学家黄仁宇说："过去中国的落后，根源之一就是缺乏以数据为基础的精确管理；而未来中国的进步，也有赖于建立这种精确的管理体系"。

未来已来。在大数据时代，除了上帝，任何人都必须用数据来说话，数据是加强管理、进行创新、认清形势、把握规律、帮助决策的必要手段。比如，公司可以用大数据这个"望远镜"预知未来，用大数据这个"探测仪"明察秋毫，用大数据这个"核磁共振"透过现象看本质，用大数据这个"聚金器"把散落的"金子"聚集起来，用大数据这个"瞄准镜"精准发现客户，从而促进企业经营发展。

6. 大道至简，有些底层的逻辑可以放之四海而皆准。

我们往往有一种倾向，就是将事物考虑得过于复杂。但是，事物的本质其实极为单纯。乍看很复杂的事物，不过是若干简单事物的组合。人类的遗传基因，由多达30亿个碱基对排列构成，但是表达基因的密码种类仅有4个。把事情看得越单纯，就越接近真实，也越接近真理。

一次，全家一起吃饭时，儿子突然抛出了一个问题，为鼓励大家抢答，还特别说猜对了有奖品，"请问，天安门城楼朝哪个方向？"

大家一下懵了，一下想不起这个貌似简单的问题答案是什么。

这时，大家把眼光瞄向了我，因为我前后在北京生活了近4年时间，还数十次步行走过天安门广场。可是，我在北京是没有方向感的，只知道左右上下，不知道东西南北。

正在我思考问题的答案时，77岁的母亲说，"应该朝南吧！"

儿子很高兴地说道，"恭喜你，奶奶，你答对了！"

我却困惑了，母亲从没有读过书，连自己的名字都不会写，就疑惑地问道："娘，您咋知道答案的呢？"

老太太的逻辑很简单，她说："农村盖房正房都是朝南的，天安门作为国家的象征，肯定是正屋，所以一定朝南。"

7. 走出去，才能看到更美的风景。

哲学家奥古斯丁有一句话说得好："世界是一本书，未曾游历过的人，仅停留在书中的一页。"日复一日地待在一个城市里，时间久了，你的视野会越来越窄，会以为这是世界的中心；年复一年待在一个单位里，时间久了，你的思想会越来越封闭，一不小心就被锁进自己构建的"信息茧房"。

我们现在很多人都强调"三观正"，而作为三观之一的世界观，实际上大多数人都不曾拥有。网络上有一句话说得很扎心："你都没有去全世界看过，哪来什么世界观？"

因此，我们要趁大好年华，跳出家乡看家乡，跳出公司看公司，跳出行业看行业，才能看到更好的风景。想得再好，如果不去实地看一下，就等于没有到过，这让我想起法国总统希拉克参观秦俑之后说的一句话："不看金字塔，不算真正到过埃及。不看秦俑，不算真正到过中国。"

如果时间比较充裕的话，最好是用脚步去丈量每一寸土地，用舌尖去品味风味小吃，面对面与土著人交流沟通，细细品味这个城市的文化底蕴、现代气息，慢慢体会这个城市的烟火气息、风土人情，只有这样，才算真正来过这个城市。

8. 不要让身份限制自己的想象力，给思想一片飞翔的天空。

我们平常说，贫穷会限制人的想象力，这个不难理解，一个最远只去过所在乡镇的山村居民，无法想象北京长安街的宽阔敞亮、雄伟壮观，也无法想象上海外滩的繁华似锦、车水马龙。

著名作家刘震云在一次演讲时，形象地描述了他刚从河南延津县进入北京大学学习时的一件糗事：他看到班上北京籍的女生在课余咀嚼什么，像是老家牲口的反刍，大为不解，问同宿舍的北京哥们，才知道那是口香糖。

有些底层社会的孩子之所以沉迷于手机和电脑的虚拟世界里，一个很重要的因为他们根本不知道外面的世界很精彩，不知道豪华度假酒店的舒适，不知道专心致志做一件事的快乐，也不知道徜徉书海的惬意，所以只能在小小的电子屏幕上去寻找寄托。

未来社会发展需要"上与君王同坐，下与乞丐同行"，知人间疾苦，具有广阔视野，又见过世面的人。我们不论贫穷还是富裕，都不要自我封闭，让身份限制自己的想象力。"美国新劳动力技能委员会"提出的21世纪人才的四大技能也将了解整个世界列为首要技能，并指出，如今的孩子都是全球化的公民，无论他们是否意识到这点，他们长大后都必须沿着这条轨道前进。

三、走一步，看三步，想五步

一个民族有一些关注天空的人，他们才有希望；一个民族只是关心脚下的事情，那是没有未来的。

——德国哲学家　黑格尔

李鸿章当年对世界的认识提出了一个主张，"中国遇到了数千年未有之强敌，中国处在三千年未有之大变局"。

相比于一百多年前的中国，现在的变化之快有过之而无不及，可以说瞬息万变，眼花缭乱，"洞中方一日，世上已千年"。身处新时代的你我都深刻感知到，我们已经走入了快速变化（Volatility）、不可预测（Unpredictability）、复杂曲折（Complexity）且模糊晦涩（Ambiguity）的VUCA时代。

变化的不确定性和不连续性，让预测未来将变得更加困难，甚至连明天的事都难以预测。一个小的单位如此，一个国家的发展更是扑朔迷离。然而，总有一小部分有智慧的人，走一步、看三步、想五步，他们的眼光可以穿透迷雾，不但能够看到明天的事，想到后天的事，预判明年的事，甚至还可以规划几十年后的事。

2019年在北京参观改革开放40周年展览时，看到"三步走"发展战略那些熟悉的文字时，我还是惊呆了！中国改革发展的现实情况与邓小平老人家当年的预测竟是惊人的相似：2000年，我们已胜利地实现了"三步走"战略的第一、第二步目标，全国人民的生活总体上达到了小康水平，人均GDP达到848美元，实现了从温饱到小康的历史性跨越，与规划预期基本吻合，还略好于规划目标。

未来是可以看见的！面对复杂的环境，需要我们"夜观天象，掐指一算"，站在较远的地方去看，站在更高的地方去看，以更大的格局，更远的视野，在不确定性中寻找确定性，在不连续中寻找连续性。

亚马逊公司创始人兼CEO杰夫·贝佐斯认为："如果你做的每一件事把眼光放到未来三年，和你同台竞技的人很多，但是如果你的目光能放到未来七年，那么可以和你竞争的就很少了。因为很少有公司愿意做那么长远的打算。"

他曾在一次演讲中说：经常有人问我"未来十年，将会发生什么变化？"。但从未有人问我"未来十年不变的是什么？"其实第二个问题才是最重要的——你应该把战略建立在不变的事物之上……

在零售行业，顾客永远不变的需求是更低的价格、更多的选择、更快速的送货。亚马逊公司几乎把所有的资源都投入在这三个不变的事物上，为此不惜无视投资者的压力，忍受常年的巨额亏损。但杰夫·贝索斯对零售业本质的偏执，让亚马逊成为今天全球零售业的王者。

7.1.4 管理好自己的语言

> 夫君子爱口，孔雀爱羽，虎豹爱爪，此皆所以治身法也。
> ——西汉文学家　刘向

聚财靠耳目，处事全靠嘴。你说出的话里，藏着你的情商和学识，含着你的运气和风水。"茶壶里煮饺子"，光心里有货是不够的，一定要得体地表达出来，让人如沐春风。有思想而不会表达的人，等于没有思想。

一、"内容为王"是永恒的主题

> 文所以载道也。轮辕饰而人弗庸，徒饰也，况虚车乎。
> ——北宋理学家　周敦颐

在新媒体时代，有些人想当然地认为，平台覆盖越广，平台流量越大，传播效果就越好。然而事实证明，如果没有高品质的内容支撑，渠道和流量都将难以维持。不论任何时代，"内容为王"都是永恒的主题。最重要的不是做PPT的技巧，不是诗一般优雅的语言，而是能够把事情说清楚，传播有价值的思想。

1. 讲自己亲身经历的故事。

陈寅恪说："前人讲过的，我不讲；近人讲过的，我不讲；外国人讲过的，我不讲；我自己过去讲过的，也不讲。现在只讲未曾有人讲过的。"要避免落于俗套，就得讲未曾有人讲过的，最好的捷径莫过于讲自己亲身经历的事，亲自听到的故事。

莫言曾披露了创作《红高粱》的心路历程：1983年春节，莫言回老家山东高密探亲访友，与旧时的工友张世家喝酒。张世家否定了莫言此前的军事文学创作，"根本就不行"，并质问莫言："咱们高密东北乡有这么多素材，你为什么不写，偏要去写那些你不熟悉的事？什么海岛，什么湖泊，你到过吗？"后来，莫言专注自己的故事，才有了《红高粱家族》的问世，继而才有张艺谋导演的那部好看的电影《红高粱》。

2. 真佛只说家常话，表达贵在简约。

大道至简，道不远人。任何复杂的理论都可以用简单朴实的语言表达出来。大科学家爱因斯坦说："**如果你不能简单说清楚，就是你还没有完全弄明白。**"

弗格斯·奥康奈尔提出"极简主义"，其精髓就是Less is more，少即是多，越是简单，越有力度。表达最可贵的地方不在于表达得多深奥，让人敬而远之，而是把复杂的问题、深奥的道理，用简约的语言，接地气的方式，深入浅出地表达出来，揭示恒久的本质，说出深刻的道理，让人一听就明白，这才是有效表达的最高境界。王石有个观点认为，**一句话能说清楚的公司才是好公司。**

当然，简约不是随便，也不是凑活，而是超越复杂后的简单。"越是简单，越显功底"。一篇文稿，往往字数越少，越是难写，越需要认真准备，因为必须用少量的字数表达同样的信息量。英国前首相邱吉尔说："如果让我说2分钟，我需要3周的时间准备；如果你让我说30分钟，我需要1周时间准备；如果你让我说1小时，我现在就准备好了。"

3. 文字要干净，言删其无用。

字数不一定多，或者啰哩啰嗦地说个没完。写得太多，说得太唠，是对大家时间的一种浪费，而且效果也越差，不仅让人记不住，还会增加反感。因此，对多余或者可有可无的字，要果断删除，努力做到"少一个字不行，多一个字也不行"。

我们去商店逛街时，也会有这样的体会：促使你由心动到决定购买的关键因素，通常不是导购员滔滔不绝的推销话术，有的没的讲个没完；不是导购员低三下四的促销手段，笑脸相迎送来的小礼品；而是导购员不卑不亢，在恰当时候说上一两句关键的话，正好触动你的心弦，心甘情愿地掏出钱包买单。

二、演讲——每个人一生的修炼

在人类各种天赋才华中，没有比演说这一项更为宝贵的了，一个人如能妥为掌握，他手执的权力就将比一位君主的更为稳固持久。

——英国前首相　丘吉尔

演讲是表达思想的一种方式，也是人与人交流的重要利器。良好的演讲口才是生存发展的一项必备技能，是每个人一生的修炼，尤其是在人生进阶的道路上，也是一种非暴力征服术，加速成功的有利武器。需要演讲的场合很多，可以说，无处不在，无时不有，逃也逃不离。

1. 要敢于打破演讲恐惧的恶性循环，随时做好基础性准备工作。

演讲恐惧不是你一个人的事，而是人类共同的事，谁上台谁紧张。这是因为走上公共舞台时，成百上千双眼睛盯着你，如果说错了话，会将你的错误成倍、甚至几十倍、上百倍放大，让你感觉很没有面子。

当然，紧张也不一定是坏事，适度紧张对演讲是必要且有益的，一点不紧张反而不是好事。马未都说，"我们当演员，最怕的就是上台没有紧张感。有点紧张是好事，适度紧张是最好的状态。"

要学好演讲，就要打破演讲恐惧的恶性循环，做一个有心人，随时终生做好演讲的基础准备工作。

- 良好的语言表达能力：做到吐字清晰、语速适中、音量适中、抑扬顿挫、感染力。要听得清、听得懂、声音动听。
- 良好的人格魅力：真诚、自信、大方、坦诚、亲切、谦和是你的形象特征，尊重、平等、包容、接纳、多元是你的人格特质。
- 科学、足够的专业知识：社会学、心理学、哲学、美学，以及相关专业知识，让你厚积薄发，口吐莲花。

2. 重视自己的每一次出场，提前做好精心的准备。

你是不是和我一样，曾经有过类似的经历？当要面对很多人发表观点时，当在会议上汇报工作时……明明感觉已经准备得差不多了，结果一开口就犯了输出尴尬症，关键时刻掉链子：要么语言不流畅，说话不利索，卡壳、吞字、吐字不清；要么思绪乱飞，想说的很多，结果发现说来说去，连自己都不知道想说些什么，逻辑极不清晰；更尴尬的是突然蒙住，大脑一片空白……

一次，几个朋友和一个演讲高手聚餐。席间，我不失时机向这位大咖请教演讲的诀窍，如何克服输出尴尬症，像他那样在讲台上那么帅。

本以为他会传授一些独门秘籍。因为，现场听过他的一次演讲，他在讲台上的样子真的很帅！一上台就能迅速控住场，吸引观众。整个演讲过程，滔滔不绝，行云流水，让大家如痴如醉，忘乎所以，一个看手机的都没有。

孰知，他说，其实也没啥技巧。**关键是重视自己的每一次出场，提前做好充分的准备**。连美国前总统林肯都说："即使是再有实力的人，如果没有精心的准备，也无法说出有系统、高水平的话来。"

如果非要说技巧，那就是扎扎实实写好"**逐字稿**"，这的确是一条屡试不爽的真理，放之四海皆准的"万能公式"。简单说，就是在做一场分享之前，把想说的每一句话，要一字不落地写下来，甚至看似不经意的细节，包括哪里要讲笑话，哪里要抖包袱，哪里有姿体动作等。这样，才能保证发挥的稳定性，做到临变不乱、百战不殆。

三、大幕拉起之前，演出早已开始

决胜于刀鞘之内。

——日本战国末期著名剑术家　宫本武藏

台上一分钟，台下十年功。要取得演讲成功，靠的不是临阵发挥，关键是未雨绸缪，提前精心做好相关准备工作。

1. 到什么山上唱什么歌，根据场景确定演讲主题。

演讲要成功，就必须适人、适时、适情，具体问题具体分析，一把钥匙开一把锁，"我们不能用管理火车站的办法来管机场，不能用昨天的办法来管未来"，而是要学习苏格拉底的智慧，"和木匠讲话要用木匠的语言"。

按照演讲者与受众的视角定位，可以将演讲分为三类：**一是俯视演讲**，属于居高临下、传经布道那种。比如网红面对粉丝演讲，口若悬河，挥洒自如。**二是平视演讲**，以平等者的视角分享想法，实现与受众共同成长。**三是仰视演讲**，观众级别更高、更专业，带有汇报、答辩性质的演讲。比如学生参加毕业论文答辩，员工在单位参加竞聘考试。

俯视演讲、平视演讲、仰视演讲的定位不能混淆，更不能错位。项目管理专家丁荣贵教授认为，"阎王好见，小鬼难缠"是项目沟通中常见的问题，其原因在于阎王和小鬼的需求不一致，对"阎王"可以谈一个组织的价值需求，而对"小鬼"则需要让他们认可项目对其个人的利弊。有时人们受挫的原因就在于把本该对"阎王"说的话给"小鬼"说了，比如说这个项目为企业带来效益多少等等，这是"阎王"关心的问题，而"小鬼"关心的是自己的个人收入增加了多少，自己的事情减少了多少。如果一个项目只为企业增加收入，但给自己增加了不少麻烦，他们反对是自然的事。

2. 扎扎实实写好"逐字稿"。

首先，好的文字表达首先要有观点和主题，这是文稿的根基。韩非子讲，"一家二贵，事乃无功。夫妻持政，子无适从。"要弄清楚演讲意图和听众意愿，聚焦一个主题，只说与这个主题有关的事情，与主题无关的内容，哪怕再精彩，也要毫不犹豫地删除，不能拣到篮子里的都是菜，芝麻绿豆都往里塞。

其次，列提纲。演讲的逻辑结构十分重要，不仅你自己觉得顺，还要让听众也可接受，这将决定你的演讲听起来是否有条理，是否能让听众容易理解前后的关系。有的演讲者专业水平很高，使用的逻辑表达高深复杂，可能自己觉得很通透，但听众却听得一头雾水。逻辑结构如果不清晰的话，文章想改都不知道从何处下手。

再次，对照提纲，写逐字稿。要有观众意识，想象自己正在给一群人讲课，要站在观众的视角上，换位思考，讲他们想知道的事，而不是你想说的事。然后，对照提纲，一句一句写下来，包括穿插的笑话、段子，甚至什么时候讲，要停顿几秒，用什么手势，都要提前写好。

最后，对逐字稿进行反复修改打磨。海明威说："任何一篇初稿都是臭狗屎。"好文章一定是改出来的，要学习古人的精神，下笨功夫，"吟安一个字，捻断数茎须"。在决定内容的取舍时，有一个简单有效的方法，想象面前有一个对你要讲的内容一点不懂的人，你的目的就是要让他听完后好奇激动，有兴趣，这样演讲就是成功的；否则对方无动于衷，那么讲得再带劲，也是一厢情愿。

3. 设计好"燃"点，控制好演讲的节奏。

现在有一个衡量演讲成功与否的晴雨表指标叫摸机率。一场演讲，听众忍不住摸几次手机？次数越多，演讲效果越差；好的演讲是"全程不摸机"，讲得太好了，大家把刷手机的事给忘了。要做到这点，既要在内容上有干货，还要生动幽默接地气，设计好起点、痛点、笑点、亮点、热点、互动点等"燃"点。

——**设计好的起点**。好的起点是成功的一半。大数据显示，2015年人的平均注意力时间是8.25秒，2017年只有5秒。尤其是青年粉丝，他们更关心自身体验，注意力更容易分散。

因此，如何根据时代特点和场景要求，快速吸引观众的注意力，这是演讲成功的关键所在。演讲的开头是吸引观众注意力，抛出自己观点的绝佳时机。成功的开头可以开门见山直入主题，或以当前正在发生的新闻事件或与听众有共同经历的事情为引子，也可以前面主持人或演讲人引人发笑或深思的一句话作为楔子，让听众对你的演讲产生好奇。

——**适度焦虑的痛点**。演讲过程中，可以提出一个大家关心或者感兴趣的问题，并且展开问题的具体性或严重性，让听众感到适度焦虑，然后给出解决方案。这样的演讲结构往往更能抓住听众的眼球，跟着你的思路走。

——**让人快乐的笑点**。培根说："善谈者必善幽默。"幽默往往是自信的表现，能力的升华。在演讲过程中，如果加上一些笑点，可以活跃气氛、避免沉闷、拉近距离、吸引观众，做到生动有趣幽默，不学术、接地气，有深度、有情怀。好的演讲者常常也是让人忍俊不禁的"段子手"。

——**让人受到启发的亮点**。演讲的亮点所在就是有启发。很多思想很快被忘掉，只有启发能抓住他们。可以借助声音、身体和道具等，抢夺观众注意力。

· 声音：就是声音要赋予变化，要避免平铺直叙。最常用的三个技巧是重音、停顿和语调。要注意区分重点，做到抑扬顿挫：哪些是不紧不慢说出来的，哪些是大声喊出来的，哪些是需要停顿一下的……

· 沉默：有理不在声高，情到深处不一定用喊。恰到好处的沉默是超越语言力量的高超传播方式，往往比怒吼更有力量，此时无声胜有声。

· 身体：表情和肢体语言自然、看起来舒服就好。应该与演讲内容同步，是有意识的，而不是慌张、无意识的。

· 道具：是吸引注意力的一个利器。恰如其分地使用道具，可以起画龙点睛的作用。

——**不虚此行的知识点**。演讲者应当具备"听众意识"，分享一些真正的干货，做到言之有理、言之有据、言之有物、言之有度，让听众有所收获，不虚此行。

——**与听众交流的互动点**。北京大学陈春花教授说："好教学是师生互为主体的双人舞，不是独角戏。"好的演讲也是与听众互动的双人舞。通过设计与听众交流的互动点，可以掌握听众的基本情况、专业水平、兴趣爱好等，灵活调整演讲内容，量体裁衣，更具有针对性；可以引导观众思考，让他们一步步登堂入室，给出你想让他们说出的答案；还可以借机调整一下演讲的节奏，减轻自己的压力。

——**引发高潮的爆点**。演讲的爆点，大概就类似小品、相声中的包袱。如果能在适当的位置甩出几个好的包袱，就能给听众更强烈的刺激，留下深刻的印象。

——**把控演讲的时间点**。掌握节奏和进度，在规定时间内完成演讲，做到守时，是一个演讲者的基本功。正式的演讲一般都简短明了，正如被誉为"最伟大的演说家"的罗纳德·里根所说，"所有演讲都不应该超过20分钟"，20分钟是一般受众能够承受的最大时长。即使没有明确的时间限制，也要做到"闲言碎语不要讲",不要没话找话,挤占大家宝贵的时间资源。

——**灵活应对演讲中的突发点**。遇到任何突发事件,你都要保持清醒的头脑。当突发事件发生时,你可能会感到尴尬,这在所难免,没有关系,最重要的是要迅速冷静下来,再做应变处理。凡事要切记向前而不是向后,所谓向前就是不管发生什么,要敢于面对问题,处理问题,而不是遇到问题就恐惧退缩,心慌意乱,不知所措。

北京大学陈春花教授在一次演讲时,曾分享了她在一次讲座时遭遇停电的经历,博得了大家的热烈鼓掌:有一次,陈教授去一个500人的会场演讲,突然停电了,所有人都非常紧张,怎么办?

陈教授稍微顿了一下,让大家思考几秒钟,接着说出了自己当时的心路历程和应对处理方法:"我在讲台上,话筒没有声音,光全部没有,屏幕也不亮,一瞬间全黑。但是我没有动,我的声音没有停,我就没有任何停顿地一直讲。当我在一直讲的时候,反而整个会场静到了最后一排人都可以听到我说话,就这样延续了15分钟。之后电来了,大家都热烈地鼓掌。"

4. 下硬功夫,坚持海量练习。

世界上哪有什么信手拈来,所有的不经意,其实都是背后的刻意为之,下的是硬功夫。没有一个演讲高手会想到哪、讲到哪,真的像客套话说的那样,"随便讲几句"。

世界上从来没有什么天才演讲家,所谓的天才一定是重复次数最多的普通人。想要重复次数最多,就要抓住每次机会,像李宗盛说的那样,"为了这次相聚,我连见面时的呼吸,都曾反复练习",反复练习细节、姿体动作等。从具体练习量来说,一般按照20:1的时间进行准备练习。如果演讲时间1小时,就要准备20小时。

四、善于讲故事的人运气更好

谁会讲故事，谁就拥有世界。

——古希腊哲学家　柏拉图

各行各业的卓越人物，往往都是讲故事的大师。诺贝尔文学奖获得者莫言曾坦承："我获得诺贝尔奖的秘诀是，我善于讲故事。"

1. 讲故事要看场景。

讲故事要看场景，到什么山上唱什么歌，该生动时不呆板，该幽默时不沉闷，该严谨时不调侃，该庄重时不轻浮，该专业时不业余，该通俗时不晦涩。比如，对内部交流时，可以使用一些专业术语，但如果给政府领导汇报或者对外宣讲时，就得把专业的东西通俗地表达出来，不能想当然地认为大家都应该清楚。

凯叔讲故事创始人王凯曾讲过这样一个创业初期的故事：故事讲得太好反而被投诉！

做过配音演员和专业主持人，王凯讲起儿童故事自然是手到擒来，栩栩如生，这不是小菜一碟嘛。结果，却接到了大量投诉。**"凯叔讲故事能不能不那么生动！我们都是睡前给孩子听故事，结果孩子越听越兴奋，耽误睡觉！"**

凯叔很无奈："故事讲得生动有错吗？话是这么说，产品还是要服务于用户使用场景的。不为场景打造出来的产品与垃圾无异！凯叔就根据场景的需要及时调整了故事的内容：在每一个故事后都加背一首诗，而且挑一些家长不教、有一定难度又经典的唐诗宋词，重复七遍到十五遍，一遍比一遍声音小。而且一周不换，只重复那一首。

很快家长就反馈："凯叔这招灵，不用三遍就着了。而且孩子在一周耳濡目染中居然能够自己背出来，一年52首诗成为凯叔讲故事的固定节目。"

2. 站在受众角度，讲对方感兴趣的故事。

切忌以内宣思维讲外宣故事，而要从受众出发，讲对方感兴趣的故事、讲对大家有益的故事；同时，内容要具有一定的公共性，不能只适合少数几个人看，这样才能更容易激活人们的行为。

3. 故事不一定长，有时短短几个字，就能让人联想成为一个故事。

人们天生爱听故事，不爱听大道理。好的故事，更能说服人，打动人，感化人。有一种说法是，官越小越喜欢讲道理，官越大越喜欢讲故事；水平越差越爱讲道理，水平越高越爱讲故事。

话说某地区的光缆多次被盗，为提醒小偷不要再偷这里的光缆，当地长途传输局后来在案件高发地段挂出了"光缆无铜，偷了判刑"的提醒牌。这虽是一条标语，效果却出奇意料，比站一个警察还好。

与其你去教育他人从善，不如搞清楚他从恶的原因，然后直接斩断他从恶的动机。该故事在分析一些人偷电缆的原因就是为了要里面的铜去卖钱，那告诉你光缆里面没铜，你偷了也没用，还要判刑，何苦？

7.1.5 管理好自己的行动

行胜于言。

——清华大学1920级毕业纪念物上的铭言

有这样一个关于莫扎特的小故事，一位年轻人来找莫扎特，说："我想在你的帮助下创作交响乐。"

莫扎特说："你太年轻了，还不能创作交响乐。"

他说:"你10岁就已经开始创作交响乐了,而我已经21岁了。"

莫扎特说:"是的,但我当时并没有四处奔走去问别人应该怎么做。"

一、今天永远是行动的最好时机

无论你能做什么,或是想做什么,行动吧!勇气本身就包含了智慧、奇迹和力量。

——德国作家　歌德

"种下一棵大树的最好时机是25年前,第二个好时机就是今天。"这是一座森林苗圃墙上一句耐人寻味的话,带给我们的启示就是,今天永远是行动的最好时机,现在永远是解决问题的最好时间。

1. 我们人生中的很多事情,永远不可能等到万事俱备的完美。

有些人想法很多,今天想干这个,明天要想干那干,想象时心潮澎湃、夜不能寐,行动时又左右为难、充满纠结,想等时机成熟时再行动,最后成了"一直心动,却无行动"的拖延大王,在蹉跎中度过一生。

电影《饮食男女》里有这样的一句经典台词:"我这一辈子怎么做,也不能像做菜一样,把所有材料都集中起来了才下锅"。

人生只有闯出来的美丽,没有等出来的辉煌。一件事如果值得去做,而你却等到尽善尽美时才去做,就可能永远都做不成。人生的正确打开方式是,不管三七二十一,踏出第一步再说,先把1.0版本做出来,哪怕显得幼稚也无妨,然后,不断迭代更新,再完善2.0、3.0版本,逐步形成最优方案。

鞋子合不合脚,自己穿了才知道。任何一件事,只有亲身去实践和体验,并且经历足够的反思和审视,才能知道究竟适不适合自己。比没本事更要命的是没胆量,连尝试都不敢尝试,自己就退缩了,自然就会失去很多的机会。成功从敢"试"开始,敢于尝试的人往往得到更多,也会留下更好的个人声誉。

艾·里斯和杰克·特劳特两位作者在《定位》一书中有这样一段话："如果你试过多次并且偶尔取得成功，你在公司里的名声可能很好；如果你害怕失败因而只做有把握的事情，你的名声可能反而不如前一种情况。人们至今还记得泰·科布，他偷垒134次，成功了96次（70%的成功率），却忘了麦克斯·凯里，此人在53次偷垒中成功了51次（成功率高达96%）。"

2. 人的高度不是由想法决定的，而是由双手决定的，永远的真理是"手比头高"。

理想很可贵，行动价更高，行动才是最根本的能力。一个人的想法是0，行动力是1，那从0到1，就是最关键的一步。

每一个心向天空的成功人士，双脚必须踩在大地上，脚踏实地、一步一个脚印地去努力，他们中没有一个"语言上的巨人，行动上的矮人"。清华大学更是将"行胜于言"作为校风，并将这四个字镌刻在大礼堂前草坪南端的日晷上，形成了自己鲜明的办学特色，激励着一代代清华人成长奋进。

看看职场周边的人，也不难发现这样的规律，在单位里晋升最快的人往往不是最聪明，也不是最有能力的，而是最不计较付出行动的。人生所有的机会，都是在全力以赴的行动路上遇到的。

3. "尽人事，知天命"，做了才能不后悔。

人一生不会因为你干了很多荒唐事而后悔，倒会因为一件事，你特想干而没干而后悔。一件事如果不做，这件事永远是停在脑中的"假想"，反复在脑中进行死循环，一点点在消磨做人的乐趣。事实上，想和做是两个迥然不同的频道，两者可以说相距十万八千里。有些事情想象起来很难，做起来反而变得容易了，比如骑自行车，想象起来很难，骑起来反而更容易找到平衡。唯有行动，才能解除所有的不安，进入一个尝试、反馈、修正、推进的良性循环。在这种情况下即使遭到了失败，也会因为自己尽力了，而不会遗憾。

这让我想起《钢铁是怎样炼成的》里最著名的一句话："人最宝贵的东

西是生命。生命对人来说只有一次。因此，人的一生应当这样度过：当一个人回首往事时，不因虚度年华而悔恨，也不因碌碌无为而羞愧；这样，在他临死的时候，能够说，我把整个生命和全回部精力都献给了人生最答宝贵的事业——为人类的解放而奋斗。"

二、学一点牛的精神

　　上苍告诉我：韩美林，你就是头牛。这辈子你就干活吧。

——当代艺术家　韩美林

在2020年12月31日举行的全国政协新年茶话会上，习近平总书记寄语大家"发扬为民服务孺子牛、创新发展拓荒牛、艰苦奋斗老黄牛的精神。"撸起袖子加油干。事实上，干任何事情，都是需要一点牛的精神的。

1. 做一头老黄牛，扎实务实，有用有效。

陈云有句名言，"不唯上，不唯书，只唯实。"有价值的东西，往往更有生命力；徒有虚名的花瓶，常常会昙花一现。

在参观山西应县木塔[①]时，有一点让人印象特别深刻，那就是全靠斗拱、柱梁镶嵌穿插吻合，不用钉不用铆，历经地震等自然灾害，千年不倒。看似复杂的**每一个构件都不是摆设或花瓶，他们既是装饰品，也都实际发挥作用**。尤其是它的抗震技术，对现代建筑仍有很多学习、继承、借鉴之处。

2. 做一头孺子牛，有点天下为公的情怀。

叔本华说："如果你自己的眼神关注的是整体，而非个人的一己生命的话，那么你的行为举止看起来更像一个智者而不是受难者。"

[①] 建于公元1056年，是中国现存最高最古的一座木构塔式建筑。与意大利比萨斜塔、巴黎埃菲尔铁塔并称"世界三大奇塔"。

大道之行也，天下为公。一个人真心服务群体的范围决定了其境界格局，你服务谁，谁就惦记你。孙中山将"天下为公"作为行事准则，在国家利益和个人利益之间，他毅然辞去临时大总统职务，让位于袁世凯。

3. 做一头拓荒牛，有点敢为人先的精神。

"周虽旧邦，其命维新。"创新是现代社会竞争力的保证，是一个人持续发展、克敌制胜的原动力，尤其是在当前已经全面进入互联网时代，整个社会正面临大洗牌、大调整的形势下，更是如此。不冒风险，沿着旧地图，往往找不到新大陆。敢于试错，勇走新路，才能抢占先机，发现更多的猎物。

有数据表明，如果仅机械地靠敬业，业务最多就20%的增长。但如果每天主动去思考创新，就会有10倍增长的可能。

创新的最高境界是引领。不是市场需要什么，我们就做什么。而是逆流而上，独领风骚，我们做什么，下一步市场就流行什么。

当然，创新不一定是高大上的原创，模仿学会了是创新，今天比昨天进步是创新，持续改进也是创新。任正非有个观点："站在前人的肩膀上前进，哪怕只前进1毫米，也是功臣。"

三、看准时机，顺势而为

> 天下大势，浩浩荡荡，顺之者昌，逆之者亡。
>
> ——孙中山

被广泛援引的一个"科学测试"说，一颗鸡蛋从高处落下，其威力同高度成正比：8楼下来可砸破头皮，18楼下来能砸伤头骨，25楼下来则足以当场毙命，这就是势的力量。

华尔街流行这样一句话，"只有趋势是才是你真正的朋友"。一个人要实现快速发展，就必须心怀国之大者，把握大势，顺势而为，努力踩准时代的节拍，在组织由大到强的过程中来实现自己的梦想，这才是最大的正道，也是一门十分实用的政治经济学。

小富由勤，大富由天。这个"天"就是"势"。在大时代面前，个人的聪明与勤奋固然重要，但没有什么比大时代的趋势更重要。只有搭上趋势的快车，才能省时省力，事半功倍，"风来了，猪都能飞起来"。顺应历史趋势才能成就大事，与时代同步才能赢得未来。不论是对个人还是对企业、国家，不论在国内还是在国外，不论是昨天、今天，还是明天，概莫能外，莫不如此。

业内资深人士认为，海尔之所以能够走在时代前列，就是因为顺应了社会发展大趋势，在三个对的时间节点做了三件对的事，踏准了时代的节拍，成功地上演了发展三部曲。

第一步，砸冰箱。1985年，张瑞敏当众砸毁76台有质量问题的冰箱，一柄大锤砸醒了海尔人的质量意识，也掀起了中国制造质量的一场革命。早不砸，晚不砸，海尔这个时机选得特别好。如果砸早了，大家会说你莫名其妙，装腔作势。如果砸晚了，你自己砸着玩吧，那是你自己的事，与我们无关。2016年，王健林就砸了350几个商铺，砸了6亿多，显然比海尔砸的冰箱值钱多了，但轰动效应却远不及海尔。

第二步，真诚服务。进入21世纪，质量问题解决后，老百姓开始关注服务问题。这时，海尔又不失时机地推出了"海尔真诚到永远"，带给客户一种无可比拟的享受，体会到了上帝的感觉。那时，海尔服务人员上门服务时，统一穿着工作服，佩戴上岗证，讲话很有礼貌。进门时换上自备的鞋套，施工时还给地面铺上垫布，防止损伤地板。每个细节都严格按照操作规程进行，操作非常专业娴熟，让客户感动不已。在那个年代，如果谁家新装的婚房家电清一色用的是海尔，那是很有面子，十分值得炫耀的事。

第三步，创客。进入"大众创业，万众创新"的时代，张瑞敏认为，我们不想把企业做成一个有围墙的花园,漂亮却远离群众,而是要把它做成热带雨林,企业自己就能繁衍出新的组织。当企业变成一个创业平台,员工就可以自己组成一个个创业小微。小微在工作过程中可以自发地相互组成和用户有关的体系,这个体系叫链群,指生态链上的小微群,这些小微自由结合共同满足用户的需求。举例来说,原来是市场部对总部反馈需要的产品,总部下达指令给生产线,生产线生产后再通过物流回到市场。但现在我们将面向市场的小微和生产的小微结合起来,成为链群,从总部管理变成各小微自己协商。结果,总部管理的时候产品销量的增长速度是8%,成为链群之后增长速度变为30%以上。

7.2 提升职业素养,成就幸福事业

> 一个有能力管好别人的人不一定是一个好的管理者,而只有那些有能力管好自己的人才能成为好的管理者。从很大意义上说,管理就是树立榜样。
>
> ——现代管理学之父 彼得·德鲁克

君子有诸己,而后求诸人。管理自己永远是管理者的头等大事,干事创业的先决条件。这让我想起曾担任过企业高管的作家冯唐说过的一句话:"管理千头万绪,往简单里说,就是开门三件事:管理自己、管理事儿、管理团队。"一个人连自我管理都做不好,何谈管理一个团队?

7.2.1 没有追随者的人只是在散步

> 在你的神气之间，有一种什么力量，使我愿意叫您做我的主人。
>
> ——英国剧作家 莎士比亚

有"影响力教父"之称的罗伯特·西奥迪尼认为，现代社会中，无论事业上还是生活上的成功，都取决于我们影响他人的能力。有了影响力，你才能说服别人与你合作、建立组织、创造未来。

尤其是对领导者来说，更是如此。要知道，领导的本质是影响并带动，没有影响力就没有领导力。如果你有影响力，人家信你能把事做成，做成了别人更信你，这样就会进入一种良性循环，像滚雪球一样越滚越大。

领导影响力构成要素有两类：一类是权力性影响力，一类是非权力性影响力。

· 权力性影响力：又称为强制性影响力，它主要源于法律、职位、习惯和武力等等。权力性影响力对人的影响带有强迫性、不可抗拒性，它是通过外推力的方式发挥其作用。权力性影响力对人的心理和行为的激励是有限的。构成权力性影响力的因素主要有：法律、职位、习惯、暴力。

· 非权力性影响力：主要来源于领导者个人的领导魅力，来源于领导者与被领导者之间的相互感召和相互信赖。构成非权力性影响力的因素主要有：品格、才能、知识和情感。

特别一提的是，领导魅力是一种无形的神奇力量，是领导者在与他人交往中，影响和改变他人心理行为的能力。有魅力的领导者自带流量，闪闪发光，往那里一坐，空气的味道好像都变了，挥手之间就能圈粉无数，可以让追随者有超乎理性的忠诚。

7.2.2 做好"三升一降",赢得追随者信任[①]

> 有发自内心的追随者是领导者的关键性标志,没有追随者就不能称其为领导者。
>
> ——现代管理学之父 彼得·德鲁克

人无信不立,领导者更是如此,没有信任,一切都无从谈起。领导者打造良好的个人信誉,赢得追随者信任,是成就一切伟大事业的基础和保障。盖洛德和德拉普创建了一个行之有效的信任公式,对我们研究领导者如何赢得追随者信任提供了新的视角:领导者通过做大分子,提升个人可信度、可靠度和亲密度;减小分母,降低个人利益,就可以提升个人信誉,赢得追随者信任。

$$信任 = \frac{可信度+可靠度+亲密度}{个人利益}$$

一、做懂业务的明白人,提升可信度

> 大抵莅事以明字为第一要义,明有二:曰高明,曰精明。同一境而登山者独见其远,乘城者独觉其旷,此高明之说也。同一物而臆度者不如权衡之审,目巧者不如尺度之确,此精明之说也。凡高明者,欲降心抑志,以遽趋于平实,颇不易易。若能事事求精,轻重长短,一丝不差,则渐实矣,能实则渐平矣。
>
> ——晚清名臣 曾国藩

[①] 本节曾以《谈领导者如何赢得追随者信任》发表在《中国领导科学》,2016年第8期,内容有修改。

可信度是指下属对领导者的技术能力和专业知识的相信程度，主要是技术技能[①]。领导者一般比其他人掌握更多的信息，具有更专业的水准，这样，才能够提出高瞻远瞩、令人信服的观点，在价值观上引领志同道合的人。

1. 领导者要做自己负责领域的行家里手。

领导的本质是学习，领导力的核心是学习力。领导者要坚持把学习当成一种生活方式，认真学习分管领域的专业知识，掌握娴熟的工作技能，事情门儿清，说内行话，做明白人，"干一行爱一行，钻一行精一行，管一行像一行"。

内行的领导者常常援引专业人士观点和具体论据，而不是个人认为；往往是知其然，还知其所以然，而不是盲人摸象，只知道其中的一个方面；往往"胸中有数"，使用可靠的数据和信息，而不是大概、部分、个别等模糊语言；常常对相关标准要求如数家珍，而不是一问三不知。

如果领导干部不懂业务，不了解业务发展的内在逻辑规律，很容易导致无意识犯错，陷入少知而迷、不知而盲、无知而乱的困境，"外行领导不了内行"说的就是这个道理。

在领导实践中，最怕的是"不知而作"，越俎代庖，领导者自己不知道、不专业，偏又充内行、装专家，到处指手画脚，发号施令，刷存在感，好像不这样做就不能显示其领导权威似的。其实这种方式恰恰是最愚蠢的，他们不说话，别人还不知道他们不懂，一开口就暴露了自身的短板。

当然，成为行家里手并不意味着要成为团队离不开的常驻专家，十八般武艺样样精通式的"全球通"；相反，它意味着对工作内容有足够完整的理解，以便对工作做出可靠的决策，并有勇气在成员知识、经验不足的地方提出问题。

[①] 美国管理学者罗伯特·卡茨认为，有效的管理者应当具备三种基本技能：技术性（technical）技能、人际性（human）技能和概念性（conceptual）技能。

2. 善于识人用人，选用比自己能力强的人来为他工作。

荀子说："吾尝终日而思矣，不如须臾之所学也；吾尝跂而望矣，不如登高之博见也。登高而招，臂非加长也，而见者远；顺风而呼，声非加疾也，而闻者彰。假舆马者，非利足也，而致千里；假舟楫者，非能水也，而绝江河。君子生非异也，善假于物也。"

没有人是全能的，人总有不擅长的地方。尤其是领导者日理万机，事务繁杂，但他们不是劳模，光顾自己埋头使劲干活是不够的，主要是通过激发团队活力，以下属的业绩来体现自己的能力水平。因此，领导者通过树立人才意识，"寻觅人才求贤若渴，发现人才如获至宝，举荐人才不拘一格，使用人才各尽其能"，选用比自己能力强的人来为他工作，让专业的人从事专业的事。不懂财务，可以把财务最好的请来；不懂技术，把技术最好的请来；不懂人力，可以把人力最好的请来。这样，把大家团结在一起，形成一个团队，建立让大家"快乐工作、幸福生活"的良好制度，同样能够做出宏伟的事业。

3. 见微知著，能够透过现实的迷雾看到未来的模样。

面对纷繁复杂的环境和不确定性，领导干部要有草摇叶响知鹿过、松风一起知虎来、一叶易色而知天下秋的见微知著能力，对未来的发展趋势有一个提前预判，春江水暖鸭先知，真正做到察之在先、思之在先、谋之在先，下好先手棋、打好主动仗，这样才能带领团队立于不败之地。

二、富有担当精神，提升可靠度

假如行动中有任何错误或缺失，全是我一个人的责任。

——第34任美国总统　戴维·艾森豪威尔

可靠度揭示了领导者展示能力水平的一致性和可预测性，这是比聪明更重要的品质。一般来说，人们害怕不确定性和承担责任，但好的领导者老成持重，做事让别人放心，这样就会拥有好运，距幸福也就不远了。对一个人可靠最高的评价无非是，"你办事，我放心"。

1. **打造一种可以驾驭和控制局面的力量。**

领导者位高权重，好比汽车的方向盘，具有很强的杠杆作用，稍微一动，"牵一发而动全身"，高速行驶的汽车就可能发生很大的震动甚至有侧翻危险。因此一定要稳重，"立下军令状，拿出乌纱帽"，说到就要做到，承诺就要兑现，不能翻手为云、覆手为雨。基于一小部分人利益的朝令夕改、出尔反尔，只会给人一种"嘴上无毛，办事不牢"的印象，还可能会引起更多人的质疑和不满，这是领导者日常行为的大忌。

2. **做事要有结果，要有功于民。**

德鲁克认为，管理的核心是责任，责任有三重内涵，排在第一位的就是创造绩效[①]。因此，善作为的领导者不说没有结果的话，不做没有结果的事，不开没有结果的会，不写没有结果的报告，常常以结果为导向，真正付诸实际行动，拿业绩让人信服，这既是对下级负责，也是对上级有所交代，更是个人心理建设的需要。要知道，三板斧砍下去连个响也没有，长时间没有效果，不仅会让别人质疑你的能力，甚至自己也会怀疑人生。

在华润有这么一句常说的话："业绩不向辛苦低头。"意思就是不管你多苦多累，干到多晚，熬了多少个夜，甚至累到搞垮了身体，如果没有业绩，没有成果，那也是徒劳无功，无人认同你的辛苦。

3. **要做到矛盾不上交，就地解决改革发展中的问题。**

全国著名的"枫桥经验"第一条就是，"小事不出村，大事不出镇，矛盾不上交，就地化解"。这虽然是发生在上世纪60年代初的事情，但是，在

[①] 排在后两位的依次是做好事、不作恶。

新的历史时期依然具有积极的现实指导意义：领导者或负责一个区域，或分管一个专业，或管理一个部门，都有自己的"一亩三分地"，要看好自己的门，管好自己的人，干好自己的事，做到守土有责、守土尽责、守土担责，保一方平安，让上级领导感觉你可以管得住，让下级感觉你值得信赖。

4. 要有政治觉悟，敢于承担责任。

尤其是在社会责任缺失的时代背景下，担当精神显得尤其难能可贵，甚至比能力更重要。北京大学光华管理学院将MBA的培养目标定位为具有社会责任感和全球视野的未来商业领袖，将责任和担当列为人才培养的第一目标。

在我国，民用航空运输责任机长制服的肩章是4条杠，比副驾驶多出一条杠，而这一条杠代表着责任。其余的三条杠分别是专业、知识、飞行技术，这些副驾驶都拥有。唯独这第四条杠，是机长独有的，"责任"二字重于泰山，是必不可少的。

一项工作如果有了成绩，一定是团队成员群策群力的结果，但如果有了问题，领导者肯定难脱干系。首先是决策有问题，即便决策没问题，也会存在过程管控方面的问题。因此，做领导的人，自己犯了错或出现一些失误，不要把责任推给下属。

下属犯错时，领导者主动承担责任，表面上看似乎吃了亏，但被你保护的下属会对你由衷感谢信服，这样也会向整个团队传递一种信号：你们的领导，是一个勇于担当责任、可信可靠的战友。

三、心系群众，提升与下属的亲密度

天地交而万物通也，上下交而其志同也。

——《周易》

亲密度是指领导者与下属融洽、亲密的程度。当下属感觉到温暖、亲切

时，凝聚力自然增强；当下属感觉到冰冷、疏离时，信任自然会被削弱。

1. 真诚沟通，将个人的理想变成团队的共同目标。

"天地交而万物通也，上下交而其志同也。"领导力是一条"双行道"，关键在于领导者与下属之间要进行真诚沟通。沟通是一个领导者必备的基本素质，是领导力的必修语言。善作为的领导者一定是沟通方面的高手，他们常常通过讲故事、作演讲、写文章等方式，"不厌其烦"地将团队的愿景和目标形象地传达到团队成员心中，吸引志同道合者加入，将个人的理想变成团队的共同目标。

首先要充满真诚，饱含情感，做一个有温度的领导者。 领导者要学会走群众路线，放下架子、扑下身子，接地气、通下情，从群众中来，到群众中去，拜人民为师，向人民学习，用谦虚平和的态度、朴素真挚的语言展示亲和力，以情动人，赢得民心。要切忌职业性沟通，做表面文章，这样走近群众却走不进群众，面对面却很难心贴心。

有人问兵败滑铁卢后的拿破仑："滑铁卢战役为什么你会失败？"他略微沉思了一下，只讲了一句话，他说："我已经很久没跟士兵一起喝汤了"。

群众基础要打牢，天天要往地头跑。在沟通过程中，如果领导者能直接叫出下属尤其下跨两级以上的名字，回忆起某个见面时的场景，往往会一下拉近距离，让下属感动不已。

其次要换位思考，增强同理心。 要想知道，打个颠倒。在与群众沟通的过程中，领导者应以一种平等的姿态，不居高临下、颐指气使，不摆官架子、一味地命令指责，不讲大道理、一厢情愿地表达自己的想法，而是换位思考，静心倾听下属内心真实的声音，对下属的感受和立场表示关心和理解。人心换人心，你真我也真。人们只有在那些愿意听真话、能够听真话的领导者面前，才敢于讲真话，愿意讲真话，乐于讲真话，也更愿意支持这样的上司。

克林顿当年竞选的时候，有一次开拉票的大会，上来一个黑人中年妇女痛诉：我老公是个酒鬼，喝完酒人都找不到，不知道在外面搞什么勾当去了；四个孩子买面包的钱都找不着；电费的单子、房费的单子、银行欠费的单子，一张一张寄过来，我这日子怎么过？

克林顿上去，一只手握着她的手，另外一只手放在自己的胸口位置，说了一句感动整个美国的话，"我感受到了你的痛苦。"

克林顿小时候生活在单亲家庭里，他妈妈拉扯他长大，非常不容易，所以他说这话是有可信度的。就这一个换位感受的动作，不知道为克林顿赢得了多少选票，尤其是中下阶层这些贫苦阶层的选票。

2. 运用"刺猬"法则，保持与下属适当的距离关系。

有一种有趣的现象叫"刺猬法则"：两只困倦的刺猬，由于寒冷而相拥在一起，可因为各自身上都长着刺，刺得对方不舒服。于是，它们离开了一段距离，但又冷得受不了，于是又凑到一起。几经折腾，两只刺猬终于找到了一个合适的黄金距离，既能抱团取暖，又不至于被对方扎伤。

领导者与下属的关系与此类似，也要掌握一个合适的度，像"刺猬法则"说的那样，既不能太远，也不能太近。如果领导者离下属过远，高高在上，就会脱离群众，这样是危险的；如果离下属过近，形成"零距离"式的铁哥们、闺蜜式关系，就会失去威严，也是致命的。

3. 多用赞许少用批评。

良言一句三冬暖，恶语伤人六月寒。赞许比批评更有效，往往具有让人难以置信的力量。有时，人们将拥有一个赞许他的领导看得比金钱或职位更重要。因此，领导者不要吝惜自己赞美的语言，多说"XX，干得不错"，这样不仅能对下属产生积极的激励作用，还能拉近距离，让下属产生更亲近的感觉。赞许是一种不花钱但很有效的激励方式。

四、淡伯名利，与下属共享团队成长

> 在你成为领导者之前，自己的成长是成功；而你当了领导者之后，帮助他人成长，才是成功。
>
> ——通用电器集团前任CEO 杰克·韦尔奇

可信度、可靠度、亲密度前三项指标都能增加领导者的信任，但是如果前三种因素被领导者的个人私利相除，领导者的信任度就会显著削弱，前功尽弃。卓越的领导者一定是淡化个人利益，与下属共享团队成长。

1. 天下为公，做到一碗水端平。

"吏不畏我严而畏我廉，民不服我能而服我公。"无私是人类最大的智慧，心底无私天地宽。只有大公无私，"我将无我，不负人民"，做到正义在身，才会真正赢得他人的跟随、服从、尊重与忠诚。

2. 做人生的减法，亮出清静本来的你。

将军赶路，不追小兔。面对林林丛丛的飞鸟，面对花花世界的诱惑，真正大气的人一定会对一些无足挂齿的世俗小事，包括那些无意义的饭局、虚伪的面子，还有所谓的自尊，表现出高度的无所谓。他们知道什么是最重要的，什么是无关紧要的，然后毫不犹豫地做出取舍，抓大放小，简化生活，减少各种不同的欲望与需求。

3. 施比受更有福，在必要的时候成为别人的天使。

圣经里讲，施比受有福。与此同出一辙的是布施定律，"你施出去的东西，必将成倍地回到你身上。"

舍得是一种哲学思想和人生境界的体现，大舍大得，小舍小得，不舍不得。只有常怀"利他之心"，才有人脉，才有未来。一个自私自利、独占财

富的"铁公鸡",不论智商多高,处理多么精明,结局必然是聪明反被聪明误,自己最后成为孤家寡人。

任正非作为华为的创始人,用20多年的时间,让一个初始资本只有2万元人民币的民营企业,稳健成长为年销售规模8914亿元人民币的世界500强公司,可以说功高至伟。没有任正非就没有华为,著名经济学家张五常甚至说任正非可以名垂青史,"在中国的悠久历史上,算得上是科学天才的又一个杨振宁,算得上是商业天才的有一个任正非。其他的天才虽然无数,但恐怕不容易打进史书去。"

华为成功背后的深层次原因是什么?很多专家学者在深入研究后认为,华为的股权结构,对华为的成功至关重要,这是华为永褒战斗力的生机源泉。任正非创造性地建立了员工持股机制,其个人仅占华为1.01%的股份,其他都分给了华为优秀的员工。作为民营企业的华为,有此魄力实属不易。

舍得的道理虽是简单,但真正做到还是难能可贵的。

后　记

书写到这里就要结束了。此时此刻,我们最想表达的两个字就是感谢。

首先感谢帮我们写推荐序和推荐语的8位专家和企业家。他们不遗余力地推荐,让这本书增色不少,也坚定了我们一定要写好此书的信心和决心;他们百忙之中的指导,也让书稿质量实现了波浪式前进、螺旋式上升。他们是我们最想感谢的人!

感谢家人的付出。他们的付出,替我们撑起一片天,让我们业余有时间,可以思考酝酿这本书,使沉下心来工作和创作成为一种可能。有一句话说得好,"哪有什么岁月静好,只是有人为你负重前行"。

需要感谢的人还有很多。他们在我们写作疲倦的时候给以莫大的力量,在几度迷茫的时候给以很好的意见,在数次想放弃的时候给以真诚的期待,让我们最终坚持了下来,呈现给大家一本完整的书。书中很多素材,都来自于领导的谆谆指导,老师的点拨启发,同事的关心帮助,朋友的交流碰撞。他们为书稿的写作提供了源头活水,带来了不竭灵感。

回报感谢的最好方式就是再出发。在此,引用丘吉尔的那句名言,作为本书的结尾,也作为对未来生活的期许:"这不是结束,这甚至不是结束的开始。但这可能是开始的结束。"

参考文献

1. 彭凯平.吾心可鉴：澎湃的福流[M].清华大学出版社，2016年8月.
2. 泰勒·本·沙哈尔.幸福的方法[M].中信出版社，2013年1月.
3. 稻盛和夫.活法[M].东方出版社，2016年2月.
4. 稻盛和夫.干法[M].机械工业出版社，2018年6月.
5. 马丁·塞利格曼.真实的幸福[M].浙江教育出版社，2020年9月.
6. 马丁·塞利格曼.持续的幸福[M].浙江人民出版社，2019年12月
7. 芭芭拉·弗雷德里克森.积极情绪的力量[M].中国纺织出版社，2020年9月.